Aparna Unni
Harpreet Kaur Channi

Aplicações sustentáveis de nano-conversão de energia

Aparna Unni
Harpreet Kaur Channi

Aplicações sustentáveis de nano-conversão de energia

ScienciaScripts

Índice

Aplicações sustentáveis de nano-conversão de energia

[1]Aparna Unni,[2] Harpreet Kaur Channi

[1,2] Departamento de Engenharia Eletrotécnica - Veículo Elétrico

[1,2] Universidade de Chandigarh, Gharuan, Mohali, Punjab, Índia

[1]appumunni14@gmail.com, [2]harpreetchanni@yahoo.in

Resumo: A tecnologia de base nanométrica surgiu como uma abordagem transformadora nas aplicações de conversão de energia, oferecendo oportunidades sem precedentes para aumentar a eficiência, a sustentabilidade e a escalabilidade. Esta análise exaustiva explora a utilização multifacetada da tecnologia de base nanométrica em várias plataformas de conversão de energia, desde as células solares às células de combustível e muito mais. Começando com uma panorâmica dos materiais nanoestruturados, incluindo nanopartículas, nanofios e nanotubos, a análise destaca o seu papel fundamental na melhoria dos processos de conversão de energia. Estas nanoestruturas facilitam uma melhor catálise, transporte de cargas e absorção de luz, abrindo assim novas fronteiras na eficiência da conversão de energia. Em seguida, a análise aprofunda a aplicação da tecnologia de base nanométrica na conversão da energia solar, centrando-se em avanços como os pontos quânticos, os materiais de perovskite e as nanopartículas plasmónicas. Estas células solares nano-ativadas oferecem eficiências mais elevadas, maior durabilidade e custos de fabrico mais baixos, impulsionando a adoção generalizada da energia solar em todo o mundo. Além disso, a revisão explora a integração de nanoestruturas em materiais termoeléctricos para recuperação de calor residual e recolha de energia.

Os materiais termoeléctricos de nanoengenharia apresentam uma condutividade eléctrica melhorada e uma condutividade térmica reduzida, conduzindo a avanços sem precedentes na eficiência da conversão de energia. Além disso, a tecnologia de base nanométrica é examinada no contexto das pilhas e baterias de combustível, em que os catalisadores nanoestruturados e os materiais dos eléctrodos melhoram significativamente o desempenho e a longevidade. A análise discute as recentes descobertas em electrólitos, separadores e eléctrodos de nanoengenharia, abrindo caminho para dispositivos de armazenamento de energia da próxima geração. Além disso, a análise explora as aplicações emergentes da tecnologia de base nanométrica noutras plataformas de conversão de energia, como a produção de hidrogénio, a captura de carbono e a iluminação energeticamente eficiente. Os materiais e dispositivos de nano-engenharia demonstram um potencial sem paralelo para enfrentar os desafios energéticos globais e atenuar os impactos ambientais. Em conclusão, a tecnologia nano representa uma mudança de paradigma nas aplicações de conversão de energia, oferecendo soluções inovadoras para aumentar a eficiência, a sustentabilidade e a acessibilidade económica. São também debatidas as futuras direcções de investigação e os desafios que se colocam à expansão das tecnologias de conversão de energia com base em nanotecnologias, sublinhando o imperativo da colaboração interdisciplinar e da inovação tecnológica na definição de um futuro energético sustentável.

Palavras-chave: Tecnologia de base nanométrica, Conversão de energia, Materiais nanoestruturados, Células solares, Termoeléctricas, Células de combustível, Baterias, Sustentabilidade.

1. Introdução

A evolução da tecnologia de base nanométrica transformou significativamente o modo como a conversão de energia pode ser concebida, abrindo portas a perspectivas radicalmente novas de melhoria da eficiência e de factores de sustentabilidade que poderão ser escaláveis numa variedade de plataformas. Nesta revisão exaustiva, é dada atenção ao domínio dos materiais nanoestruturados, incluindo nanopartículas (NPs), nanofios e nanotubos de carbono utilizados em processos de conversão de energia. Estes materiais melhoram significativamente a catálise, o transporte de cargas e a absorção de luz, que são as principais fracções das aplicações de conversão de energia para uma melhor eficiência [1]. A revisão abrange a utilização da nanotecnologia na energia solar, incluindo novos tipos de pontos quânticos, materiais de perovskite e nanopartículas plasmónicas que podem conduzir a células solares mais eficientes e robustas a um custo muito reduzido. Será também discutida a utilização de nanoestruturas em materiais termoeléctricos para a recuperação de calor residual e a captação de energia que melhoram a condutividade eléctrica, a gestão térmica, etc. O documento de investigação analisa também o modo como a nanotecnologia se enquadra no panorama geral das pilhas e baterias de combustível, explorando o seu papel na melhoria do seu desempenho e durabilidade utilizando catalisadores, electrólitos e eléctrodos de nanoengenharia. A seguir, o artigo apresenta outras ideias sobre outras aplicações que envolvem nanomateriais, incluindo a produção de hidrogénio, a captura de carbono e a iluminação energeticamente eficiente. Deste modo, o documento de investigação mostra como a tecnologia baseada em nanomateriais fornece soluções alternativas que podem ajudar a resolver os problemas energéticos globais e a reduzir a poluição através da conceção de soluções ecológicas [2].

1.1 Panorama da tecnologia de base nanométrica na conversão de energia

A tecnologia de base nanométrica está a revolucionar a conversão de energia através da introdução de materiais com propriedades únicas que aumentam significativamente a eficiência e a sustentabilidade. No centro desta tecnologia estão os materiais nanoestruturados, como as nanopartículas, os nanofios e os nanotubos, que oferecem capacidades superiores de catálise, transporte de cargas e absorção de luz. Estas propriedades são particularmente benéficas em várias plataformas de conversão de energia. Na conversão de energia solar, os avanços nos pontos quânticos, nos materiais de perovskite e nas nanopartículas plasmónicas levaram ao desenvolvimento de células solares com maior eficiência, maior durabilidade e menores custos de produção. Estas inovações estão a impulsionar a adoção generalizada da energia solar. Nos materiais termoeléctricos, a nanoestruturação melhorou a condutividade eléctrica ao mesmo tempo que reduziu a condutividade térmica, conduzindo a um melhor desempenho em aplicações de recuperação de calor residual e de captação de energia [3].

As pilhas de combustível e as baterias também beneficiam da nanotecnologia, com catalisadores nanoestruturados, electrólitos e materiais de eléctrodos que melhoram o desempenho e a longevidade.

Estes avanços são cruciais para o desenvolvimento de dispositivos de armazenamento de energia da próxima geração. Além disso, a tecnologia de base nanométrica está a ser explorada na produção de hidrogénio, na captura de carbono e na iluminação energeticamente eficiente, demonstrando a sua versatilidade e o seu potencial para enfrentar vários desafios energéticos globais. A tecnologia baseada em nano representa uma mudança de paradigma na conversão de energia, oferecendo soluções inovadoras para melhorar a eficiência, a sustentabilidade e a acessibilidade económica. Os avanços futuros dependerão da colaboração interdisciplinar e da inovação tecnológica contínua [4].

1.2 Importância e âmbito da nanotecnologia nas aplicações de conversão de energia

A tecnologia de base nanométrica está a revolucionar as aplicações de conversão de energia, oferecendo melhorias notáveis em termos de eficiência, sustentabilidade e escalabilidade, como mostra a figura 1. No centro desta transformação estão os materiais nanoestruturados - como as nanopartículas, os nanofios e os nanotubos - que possuem propriedades superiores em termos de catálise, transporte de cargas e absorção de luz. Estas características únicas permitem melhorias significativas do desempenho em vários sistemas energéticos. Na conversão de energia solar, por exemplo, os avanços em pontos quânticos, materiais de perovskite e nanopartículas plasmónicas resultaram no desenvolvimento de células solares com maior eficiência, maior durabilidade e menores custos de fabrico. Este progresso é crucial para acelerar a adoção global da energia solar, tornando-a mais acessível e economicamente viável. Além disso, a tecnologia de base nanométrica desempenha um papel fundamental nos materiais termoeléctricos, melhorando a sua condutividade eléctrica e reduzindo a condutividade térmica, o que aumenta a sua eficiência em aplicações de recuperação de calor residual e de captação de energia. No domínio das pilhas e baterias de combustível, a nanotecnologia conduziu à criação de catalisadores, electrólitos e materiais de eléctrodos de nano-engenharia que melhoram significativamente o desempenho e a longevidade. Estes avanços são essenciais para o desenvolvimento de sistemas de armazenamento de energia da próxima geração, que são vitais para apoiar as fontes de energia renováveis e garantir um fornecimento estável de energia. Além disso, o âmbito da tecnologia baseada em nanoestruturas estende-se a aplicações emergentes como a produção de hidrogénio, a captura de carbono e a iluminação energeticamente eficiente. Por exemplo, os catalisadores nanoestruturados podem aumentar a eficiência da produção de hidrogénio, enquanto os materiais de nanoengenharia em tecnologias de captura de carbono podem ajudar a reduzir as emissões de gases com efeito de estufa. No domínio da iluminação energeticamente eficiente, a nanotecnologia permite a produção de LEDs com brilho superior e poupança de energia [5].

A importância da tecnologia de base nanométrica na conversão de energia reside na sua capacidade para fornecer soluções inovadoras que respondam aos desafios energéticos globais. Ao melhorar a eficiência e a sustentabilidade dos sistemas energéticos, a nanotecnologia contribui para a redução dos impactes ambientais e apoia a transição para fontes de energia mais limpas. Além disso, a escalabilidade das nanotecnologias garante que estes avanços podem ser amplamente implementados, beneficiando uma vasta gama de indústrias e aplicações. Globalmente, a integração da tecnologia de base nanométrica em aplicações de conversão de energia representa uma mudança de paradigma, oferecendo um potencial transformador para um futuro energético sustentável [6].

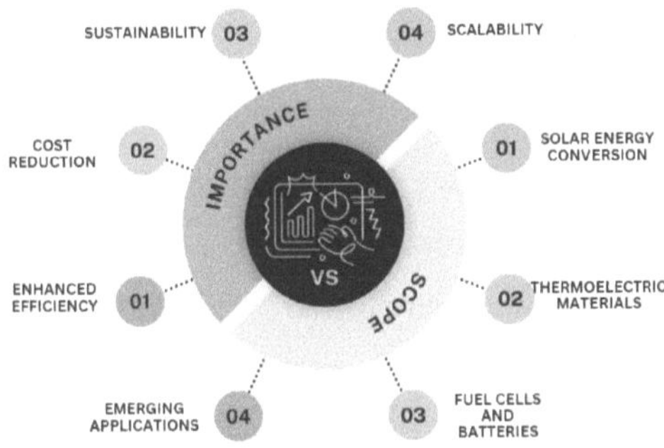

Figura 1. Importância e âmbito da nanotecnologia

2. Materiais nanoestruturados para melhorar a conversão de energia

Os materiais nanoestruturados estão a revolucionar a conversão de energia, melhorando significativamente a eficiência, o desempenho e a sustentabilidade em várias plataformas, como mostra a figura 2. Estes materiais, incluindo nanopartículas, nanofios e nanotubos, oferecem propriedades únicas, tais como maior área de superfície, melhor transporte de cargas e maior absorção de luz, tornando-os ideais para aplicações energéticas. Nas células solares, os pontos quânticos, os materiais de perovskite e as nanopartículas plasmónicas conduziram a eficiências mais elevadas, a uma maior durabilidade e a custos de fabrico mais baixos. Estes avanços estão a impulsionar a adoção generalizada da energia solar [7].

Nos materiais termoeléctricos, a nanoestruturação melhora a condutividade eléctrica ao mesmo tempo que reduz a condutividade térmica, aumentando a sua capacidade de converter eficientemente o calor residual em eletricidade. As pilhas de combustível e as baterias também beneficiam de catalisadores nanoestruturados, electrólitos e materiais de eléctrodos, que melhoram o desempenho e a longevidade, essenciais para o desenvolvimento de sistemas avançados de armazenamento de energia. Além disso, os materiais nanoestruturados estão a ser explorados para a produção de hidrogénio e a captura de carbono, oferecendo soluções energéticas mais limpas e atenuando os impactos ambientais. A capacidade de manipular materiais à nanoescala abre novas fronteiras na conversão de energia, dando resposta aos desafios energéticos globais e promovendo a sustentabilidade. À medida que a investigação e o desenvolvimento prosseguem, os materiais nanoestruturados estão preparados para desempenhar um papel crítico na definição do futuro das tecnologias de conversão de energia [8].

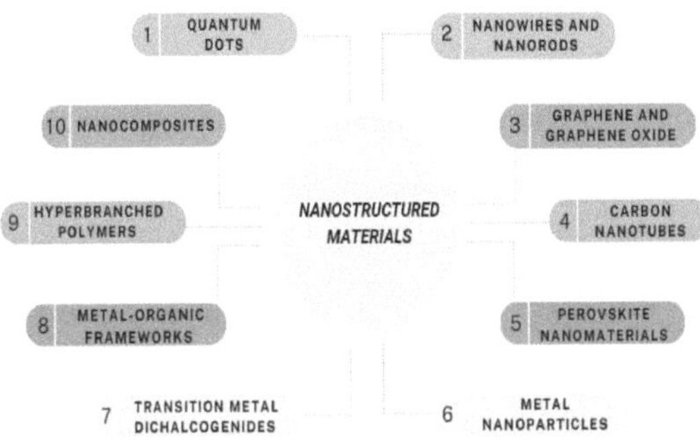

Figura 2. Materiais nanoestruturados

2.1 Nanopartículas

As nanopartículas estão na vanguarda da melhoria das tecnologias de conversão de energia devido às suas propriedades físicas e químicas únicas. Estes materiais, normalmente com dimensões entre 1 e 100 nanómetros, apresentam uma elevada relação área superficial/volume, efeitos quânticos e propriedades electrónicas, ópticas e catalíticas sintonizáveis. Na conversão de energia solar, as nanopartículas, como os pontos quânticos e as nanopartículas plasmónicas, revolucionaram a conceção das células solares. Os pontos quânticos, devido ao seu intervalo de banda ajustável em termos de tamanho, podem ser concebidos para absorver diferentes comprimentos de onda da luz, aumentando significativamente a eficiência das células solares. As nanopartículas plasmónicas, frequentemente feitas de metais como o ouro e a prata, aumentam a absorção da luz concentrando o campo eletromagnético perto da superfície da célula, aumentando assim a fotocorrente e a eficiência global das células solares [9]. Estes avanços contribuem para o desenvolvimento de dispositivos fotovoltaicos mais eficientes, duradouros e económicos.

As nanopartículas também desempenham um papel crucial nas pilhas de combustível e nas baterias. Nas células de combustível, as nanopartículas são utilizadas para criar catalisadores altamente activos e estáveis que melhoram as taxas de reação tanto do ânodo como do cátodo. As nanopartículas de platina, por exemplo, são amplamente utilizadas como catalisadores em células de combustível de membrana de permuta de protões (PEM) devido à sua excelente atividade catalítica e durabilidade. Do mesmo modo, nas baterias, as nanopartículas são utilizadas para melhorar as propriedades dos materiais dos eléctrodos. As nanopartículas de fosfato de ferro e lítio (LiFePO4), por exemplo, melhoram a densidade de potência e o ciclo de vida das baterias de iões de lítio, proporcionando uma maior área de superfície para as reacções electroquímicas e caminhos de difusão mais curtos para os iões de lítio [10].

Além disso, as nanopartículas são fundamentais nos materiais termoeléctricos, onde ajudam a reduzir a condutividade térmica, mantendo ou melhorando a condutividade eléctrica. Esta melhoria é crucial para converter o calor residual em eletricidade de forma mais eficiente. As nanopartículas, como o telureto de bismuto (Bi2Te3), são normalmente utilizadas em dispositivos termoeléctricos devido ao seu desempenho superior. Em geral, a integração de nanopartículas nas tecnologias de conversão de energia oferece uma abordagem transformadora para melhorar a eficiência, reduzir os custos e reforçar a sustentabilidade. Com o avanço da investigação, espera-se que as nanopartículas desempenhem um papel cada vez mais vital na resposta aos desafios energéticos globais e na promoção do desenvolvimento de sistemas energéticos da próxima geração [11].

2.2 Nanopartículas metálicas

As nanopartículas metálicas são uma classe importante de nanomateriais amplamente utilizados em aplicações de conversão de energia devido às suas propriedades físicas e químicas únicas. Estas nanopartículas, tipicamente compostas por metais como o ouro (Au), a prata (Ag) e a platina (Pt), apresentam características distintivas, tais como elevados rácios área de superfície/volume e efeitos de tamanho quântico, que são fundamentais para melhorar as propriedades catalíticas e ópticas. Por exemplo, as nanopartículas de ouro e prata demonstram ressonância plasmónica de superfície (SPR), em que os seus electrões livres entram em ressonância com comprimentos de onda de luz específicos, resultando numa absorção e dispersão ópticas melhoradas. Isto torna-as inestimáveis em aplicações como as células solares plasmónicas e a fotocatálise, onde melhoram a eficiência da captação e conversão da luz.

As nanopartículas de platina, conhecidas pela sua excecional atividade catalítica, são amplamente utilizadas em células de combustível e em reacções electroquímicas como a reação de evolução do hidrogénio (HER) e a reação de redução do oxigénio (ORR). Apesar do seu elevado custo, a sua eficácia em facilitar reacções mais rápidas e mais eficientes torna-as indispensáveis nas tecnologias energéticas. Além disso, as nanopartículas metálicas podem ser afinadas em termos de tamanho, forma e química da superfície, permitindo a sua personalização para otimizar o seu desempenho em aplicações específicas. Por exemplo, o ajuste do tamanho dos pontos quânticos ou das nanopartículas metálicas pode alterar as suas propriedades ópticas, tornando-os adequados para várias aplicações optoelectrónicas [12].

Além disso, a elevada área superficial das nanopartículas metálicas aumenta a sua interação com os reagentes, conduzindo a uma maior eficiência e estabilidade catalíticas. Este facto é particularmente benéfico para a criação de dispositivos de armazenamento e conversão de energia mais eficientes. No entanto, é necessário enfrentar desafios como a estabilidade destas nanopartículas em condições de funcionamento, o custo de produção e os potenciais impactos ambientais para tirar pleno partido das suas capacidades. A investigação e o desenvolvimento contínuos centram-se na superação destes desafios através de novos métodos de síntese e da criação de materiais híbridos que combinem as propriedades vantajosas de diferentes nanomateriais para obter um desempenho superior nas tecnologias de conversão de energia [13]. As nanopartículas metálicas participam frequentemente em reacções químicas que podem ser descritas por várias equações, nomeadamente no contexto das aplicações de conversão de energia.

Catálise em células de combustível

- **Reação de redução do oxigénio (RRO)**

As nanopartículas de platina são normalmente utilizadas como catalisadores em células de combustível para a reação de redução do oxigénio, que pode ser representada pelas equações (1) e (2):

$$O_2 + 4H^+ + 4e^- \rightarrow 2H_2O \ (1)$$

Esta reação ocorre no cátodo de uma célula de combustível com membrana permutadora de protões (PEMFC).

- **Reação de oxidação do hidrogénio (HOR)**

As nanopartículas de platina também catalisam a reação de oxidação do hidrogénio no ânodo:

$$H_2 \rightarrow 2H^+ + 2e^- \ (2)$$

Fotocatálise

- **Separação de água**

As nanopartículas metálicas, tais como o dióxido de titânio (TiO_2), podem ser utilizadas na fotocatálise para a separação da água e a produção de hidrogénio. A reação global é apresentada na equação 3:

$$2H_2O \rightarrow 2H_2 + O_2 \ (3)$$

As reacções específicas na superfície do fotocatalisador incluem as equações 4 e 5:

- **Oxidação no ânodo**:

$$2H_2O \rightarrow O_2 + 4H^+ + 4e^- \ (4)$$

- **Redução no cátodo**:

$$4H^+ + 4e^- \rightarrow 2H_2 \ (5)$$

Ressonância Plasmónica de Superfície (SPR)

Embora a SPR em si não seja uma reação química, pode melhorar os processos fotocatalíticos. Por exemplo, quando nanopartículas de ouro

(Au) ou prata (Ag) são usadas para melhorar a atividade fotocatalítica do TiO_2, a interação pode ser descrita como a equação 6:

$$TiO_2 + hv \rightarrow TiO_2 \ (e^-, h^+) \ (6)$$

Aqui, *hv* representa a energia da luz incidente, gerando pares eletrão-buraco no TiO_2. O SPR de nanopartículas metálicas aumenta a absorção de luz, aumentando a taxa de geração desses portadores de carga.

- **Síntese de nanopartículas metálicas**

Redução de iões metálicos

A síntese de nanopartículas metálicas envolve normalmente a redução de iões metálicos. Por exemplo, a redução de iões de ouro para formar nanopartículas de ouro pode ser representada como:

$$HAuCl_4 + 3C \ H_{65} \ CH_2 \ OH \rightarrow Au + 3C \ H_{65} \ CHO + 3HCl + H \ O_2$$

Nesta reação, o $HAuCl_4$ (cloreto de ouro) é reduzido pelo álcool benzílico para formar nanopartículas de ouro.Estas equações ilustram os processos fundamentais em que as nanopartículas metálicas estão envolvidas, destacando as suas propriedades catalíticas e ópticas em aplicações de conversão de energia.

- **Nanopartículas de óxido metálico**

As nanopartículas de óxidos metálicos são uma classe crítica de nanomateriais amplamente utilizados em tecnologias de conversão de energia devido às suas propriedades electrónicas, ópticas e catalíticas distintas. Estas nanopartículas, compostas por óxidos de metais como o titânio (Ti), o zinco (Zn) e o cério (Ce), oferecem benefícios substanciais em aplicações como a fotovoltaica, a fotocatálise e o armazenamento de energia. As nanopartículas de dióxido de titânio (TiO_2), por exemplo, são altamente valorizadas pela sua estabilidade, não toxicidade e forte poder oxidativo. São amplamente utilizadas em células solares sensibilizadas por corantes (DSSCs) e na separação fotocatalítica da água para gerar hidrogénio. A alta área de superfície das nanopartículas de TiO_2 facilita a geração de pares elétron-buraco sob luz UV, levando a uma atividade fotocatalítica eficiente.

As nanopartículas de óxido de zinco (ZnO) são outro material versátil, conhecido pelo seu grande intervalo de banda e elevada mobilidade de electrões. Estas propriedades tornam as nanopartículas de ZnO ideais para utilização em díodos emissores de luz (LED), sensores de gás e várias aplicações fotovoltaicas. A capacidade do ZnO para absorver a luz UV e a sua elevada energia de ligação de excitões melhoram o desempenho destes dispositivos, proporcionando uma melhor absorção da luz e uma melhor dinâmica dos portadores de carga.

As nanopartículas de óxido de cério (CeO_2), com a sua excelente capacidade de armazenamento de oxigénio e capacidade de ciclo redox, são predominantemente utilizadas em catálise e células de combustível de óxido sólido (SOFCs). A capacidade do CeO_2 de alternar entre estados de oxidação aumenta seu desempenho catalítico, tornando-o um material eficaz para aplicações que requerem catalisadores robustos e estáveis.

A elevada relação área de superfície/volume das nanopartículas de óxido metálico é crucial para o reforço das suas propriedades catalíticas e fotocatalíticas, uma vez que aumenta a disponibilidade de sítios activos para reacções químicas. Além disso, as suas propriedades electrónicas sintonizáveis, obtidas através da dopagem e do controlo do tamanho, permitem a otimização em processos específicos de conversão de energia. Apesar das suas vantagens, é necessário dar resposta a desafios como a estabilidade, a escalabilidade e o impacto ambiental. A investigação em curso centra-se no desenvolvimento de métodos de síntese mais eficientes e de materiais híbridos para aproveitar plenamente o potencial das nanopartículas de óxidos metálicos nas tecnologias de conversão de energia [13].

As nanopartículas de óxido metálico participam em várias reacções químicas que são cruciais para as suas aplicações na conversão de energia e noutros domínios.

Fotocatálise

As nanopartículas de óxidos metálicos, como o dióxido de titânio (TiO_2) e o óxido de zinco (ZnO), são amplamente utilizadas em processos fotocatalíticos para a remediação ambiental e a produção de hidrogénio nas seguintes equações:

Separação de água fotocatalítica (TiO_2)

$$TiO_2 + h\nu \rightarrow TiO_2 \; (e^-, h^+) \quad (7)$$

Esta equação representa a absorção de energia luminosa (fotões, hvh\nuhv) pelas nanopartículas de TiO_2, levando à geração de pares eletrão-buraco (e- e h^+). Estes portadores de carga participam em reacções redox que dividem a água em hidrogénio e oxigénio:

- **Oxidação no ânodo:**

$$2H_2O \; O_2 + 4H^+ + 4e\text{-} \quad (8)$$

- **Redução no cátodo**:

$$4H^+ + 4e^- \rightarrow 2H_2 \ (9)$$

Degradação fotocatalítica (ZnO)

As nanopartículas de óxido de zinco são também eficazes na degradação fotocatalítica de poluentes orgânicos sob a ação da luz UV 10:

$$ZnO + h\nu \rightarrow ZnO \ (e^-, h^+) \ (10)$$

Os pares eletrão-buraco gerados reagem com moléculas orgânicas, levando à sua degradação em compostos inofensivos.

Reacções electroquímicas

As nanopartículas de óxido metálico são utilizadas como catalisadores em reacções electroquímicas, como as que ocorrem nas pilhas de combustível e nas baterias, de acordo com a equação 11:

Reação de redução do oxigénio (ORR) (catalisador de Pt/CeO$_2$)

$$O_2 + 4H^+ + 4e^- \rightarrow 2H_2O \ (11)$$

As nanopartículas de CeO$_2$ podem atuar como suportes de catalisadores, aumentando a eficiência dos catalisadores de Pt em células de combustível, estabilizando a sua estrutura eletrónica e facilitando a redução de oxigénio.

Deteção de gás

As nanopartículas de óxido metálico são utilizadas em sensores de gás para a deteção de vários gases com base nas suas reacções de superfície, de acordo com a equação 12:

Deteção de oxigénio (TiO$_2$)

$$TiO_2 + O_2 \rightarrow TiO_2 - O_2 \ (12)$$

Esta reação altera a condutividade eléctrica do TiO_2, permitindo a deteção sensível de concentrações de oxigénio.

Reacções de síntese

As nanopartículas de óxidos metálicos são sintetizadas através de vários métodos, incluindo os processos sol-gel e hidrotérmico. Por exemplo, a síntese de nanopartículas de dióxido de titânio pode ser representada como:

TiO_2 (precursor)$\rightarrow TiO_2$ (nanopartículas) (13)

Estas equações ilustram os papéis fundamentais das nanopartículas de óxido metálico em aplicações catalíticas, fotocatalíticas, electroquímicas e de deteção. Estas equações ilustram os papéis fundamentais das nanopartículas de óxido metálico em aplicações catalíticas, fotocatalíticas, electroquímicas e de deteção.

Pontos quânticos (QDs)

Os pontos quânticos (QDs) são partículas semicondutoras à escala nanométrica que exibem propriedades ópticas e electrónicas únicas devido aos seus efeitos de confinamento quântico. Estas estruturas minúsculas, normalmente com dimensões compreendidas entre 2 e 10 nanómetros, devem o seu nome ao seu comportamento mecânico quântico, que difere acentuadamente do dos materiais semicondutores de maiores dimensões. Este fenómeno surge porque o tamanho de um QD é comparável ou inferior ao comprimento de onda da função de onda dos electrões. Como resultado, os níveis de energia dos electrões tornam-se discretos e quantizados, conduzindo a estados de energia discretos. Esta quantização dos níveis de energia contrasta com a dos semicondutores em massa, em que os níveis de energia formam bandas contínuas.

O tamanho de um ponto quântico determina as suas propriedades ópticas e electrónicas, incluindo o seu "bandgap", que determina as cores da luz que pode emitir ou absorver. Os QDs maiores têm bandgaps mais largos, emitindo comprimentos de onda mais curtos (luz azul), enquanto os QDs mais pequenos têm bandgaps mais estreitos, emitindo comprimentos de onda mais longos (luz vermelha). Esta capacidade de sintonização torna os QD altamente desejáveis para aplicações em tecnologias de visualização, onde são utilizados para produzir cores vivas e eficientes em ecrãs e iluminação [14].

Outra caraterística fundamental dos QDs é o seu elevado rendimento quântico, que se refere à sua eficiência na emissão de luz. Os QDs podem converter electrões em fotões com uma eficiência muito elevada, o que os torna atractivos para utilização em díodos emissores de luz (LEDs) e outros dispositivos optoelectrónicos. Para além das suas propriedades ópticas, os QDs apresentam características electrónicas excepcionais. Para além das suas propriedades ópticas, os QDs apresentam características electrónicas excepcionais, podendo ser modificados para terem propriedades electrónicas específicas através do controlo da sua dimensão, forma e composição. A síntese de pontos quânticos envolve normalmente métodos como a síntese coloidal, em que os materiais precursores são aquecidos na presença de um solvente para nucleação e crescimento de QDs com as dimensões desejadas. Estes métodos permitem um controlo preciso da distribuição do tamanho e das propriedades ópticas, essenciais para as aplicações comerciais [15].

Apesar das suas propriedades promissoras, os pontos quânticos enfrentam desafios, incluindo a potencial toxicidade devido aos metais pesados utilizados na sua composição (como o cádmio). Os investigadores estão a explorar ativamente materiais alternativos, como o fosforeto de índio, ou a desenvolver revestimentos para atenuar estes riscos, mantendo as suas propriedades ópticas e electrónicas superiores. Os pontos quânticos representam uma classe revolucionária de nanomateriais com propriedades ópticas e electrónicas excepcionais resultantes de efeitos de confinamento quântico. As suas propriedades ópticas sintonizáveis, a sua elevada eficiência quântica e o seu potencial para um controlo eletrónico preciso tornam-nos inestimáveis para uma vasta gama de aplicações, desde ecrãs de alta definição a células solares avançadas e à computação quântica. À medida que a investigação continua a avançar, os pontos quânticos são promissores para moldar o futuro da optoelectrónica e da nanotecnologia.

Pontos quânticos de seleneto de cádmio (CdSe)

Os pontos quânticos (QDs) de seleneto de cádmio (CdSe) são partículas semicondutoras à escala nanométrica, conhecidas pelas suas propriedades ópticas e electrónicas únicas devido aos efeitos de confinamento quântico. Com uma dimensão típica de 2 a 10 nanómetros, estes QDs apresentam uma fluorescência dependente do tamanho, em que a cor de emissão muda de vermelho para azul à medida que o tamanho da partícula diminui. Esta emissão sintonizável torna os QDs de CdSe altamente desejáveis para aplicações em optoelectrónica, particularmente em tecnologias de visualização, onde melhoram a pureza da cor e o brilho em ecrãs LCD e iluminação LED. Os QDs de CdSe possuem também um elevado rendimento quântico, o que significa que convertem eficazmente a luz absorvida em luz emitida, tornando-os ideais para utilização em bioimagiologia e diagnóstico médico como marcadores fluorescentes. Os seus espectros de emissão nítidos e os seus amplos espectros de absorção permitem a obtenção de imagens precisas e capacidades de multiplexagem.

No entanto, a presença de cádmio suscita preocupações em termos de toxicidade, limitando as suas aplicações biomédicas e exigindo o desenvolvimento de alternativas mais seguras ou de técnicas de passivação da superfície para atenuar estes riscos. Apesar disso, os QDs de CdSe continuam a ser um foco importante de investigação devido às suas propriedades excepcionais e ao seu potencial para o avanço de várias tecnologias, incluindo as células solares, onde os seus elevados coeficientes de absorção podem melhorar significativamente as eficiências de conversão de energia[16].

Pontos quânticos de perovskite

Os pontos quânticos de perovskite (QDs) são materiais à escala nanométrica constituídos por compostos estruturados em perovskite, normalmente com a fórmula ABX_3, em que "A" é um catião (como o césio ou o metilamónio), "B" é um metal (como o chumbo ou o estanho) e "X" é um halogeneto (cloro, bromo ou iodo). Estes QDs exibem propriedades ópticas e electrónicas notáveis devido a efeitos de confinamento quântico, o que os torna altamente promissores para uma série de aplicações. Uma das características mais marcantes dos QDs de perovskite é o seu comprimento de onda de emissão sintonizável, que pode ser facilmente ajustado alterando a sua composição ou tamanho. Esta flexibilidade permite um controlo preciso da cor da luz emitida, tornando-os ideais para tecnologias de visualização e iluminação de alta qualidade. Apresentam também rendimentos quânticos de fotoluminescência elevados, o que significa que podem converter eficazmente a luz absorvida em luz emitida, o que é benéfico para aplicações em díodos emissores de luz (LED) e lasers [17].

Além disso, os QDs de perovskite têm demonstrado um grande potencial em aplicações fotovoltaicas. As suas excelentes propriedades de absorção de luz e de portadores de carga podem aumentar significativamente a eficiência das células solares. No entanto, os problemas de estabilidade e toxicidade, particularmente devido à presença de chumbo, colocam desafios que os investigadores estão a trabalhar ativamente para ultrapassar. Apesar destes desafios, as propriedades únicas dos QDs de perovskite posicionam-nos como um material crucial para o futuro da optoelectrónica e das tecnologias de energias renováveis [18].

Nanopartículas à base de carbono

As nanopartículas à base de carbono englobam um grupo diversificado de nanomateriais, incluindo fulerenos, nanotubos de carbono (CNT), grafeno e pontos quânticos de carbono (CQD). Estas nanopartículas apresentam propriedades únicas devido à sua composição de carbono e dimensões nanométricas, o que as torna muito valiosas para várias aplicações em eletrónica, medicina, energia e ciências ambientais.Os fulerenos são moléculas esféricas de carbono compostas por anéis hexagonais e pentagonais, semelhantes a uma bola de futebol. O exemplo mais famoso é o C60, também conhecido como buckminsterfullerene. Os fulerenos possuem excelentes propriedades de aceitador de electrões, o que os torna úteis na energia fotovoltaica orgânica e nos sistemas de administração de medicamentos, devido à sua capacidade de encapsular outras moléculas. Os nanotubos de carbono (CNT) são estruturas cilíndricas com paredes compostas por uma única (CNT de parede simples) ou múltiplas camadas (CNT de parede múltipla) de grafeno. Os CNT são conhecidos pela sua excecional resistência mecânica, condutividade eléctrica e estabilidade térmica. Estas propriedades tornam-nos adequados para aplicações em nanoelectrónica, compósitos reforçados e materiais condutores [19].

O grafeno é uma camada única de átomos de carbono dispostos numa estrutura hexagonal. Possui propriedades notáveis, incluindo elevada condutividade eléctrica e térmica, resistência mecânica e grande área de superfície. O grafeno é utilizado em várias aplicações, como a eletrónica flexível, dispositivos de armazenamento de energia, como supercapacitores e baterias, e revestimentos avançados. Os pontos quânticos de carbono (CQD) são pequenas nanopartículas quase esféricas, normalmente com menos de 10 nanómetros de diâmetro. Apresentam uma forte fotoluminescência, o que as torna úteis em bioimagiologia, sensores e dispositivos emissores de luz. Os CQDs são também valorizados pela sua baixa toxicidade e respeito pelo ambiente, em comparação com os pontos quânticos semicondutores tradicionais. A versatilidade das nanopartículas à base de carbono estende-se às suas capacidades de funcionalização da superfície, que permitem adaptar as suas propriedades a aplicações específicas. Por exemplo, os CNT funcionalizados podem ser utilizados para a administração de medicamentos, enquanto o grafeno modificado pode melhorar o desempenho dos sensores. As nanopartículas à base de carbono oferecem uma combinação de propriedades eléctricas, mecânicas e ópticas únicas que permitem uma vasta gama de aplicações. A investigação em curso continua a abordar os desafios relacionados com a sua produção, estabilidade e integração em produtos comerciais, prometendo um futuro em que estes materiais desempenham um papel fundamental no avanço da tecnologia e na melhoria da qualidade de vida [20].

2.2.1 Nanofios

Os materiais nanoestruturados, nomeadamente os nanofios, são muito promissores para melhorar as tecnologias de conversão de energia. Os nanofios são estruturas unidimensionais com diâmetros que variam normalmente entre alguns nanómetros e centenas de nanómetros, e comprimentos que podem atingir vários micrómetros. Devido às suas propriedades físicas e químicas únicas, têm atraído uma atenção significativa para aplicações em energia fotovoltaica, termoeléctrica e armazenamento de energia [21].

Fotovoltaica: Os nanofios têm uma elevada relação superfície/volume e uma dinâmica superior de portadores de carga, o que pode melhorar significativamente a eficiência das células solares. Os nanofios de silício, por exemplo, podem ser utilizados para fabricar células solares de elevada eficiência devido à sua capacidade de reter a luz de forma mais eficaz do que o silício a granel. Esta retenção de luz conduz a uma melhor absorção e utilização da energia solar. Além disso, os nanofios fabricados a partir de materiais como o telureto de cádmio (CdTe) e o arsenieto de gálio (GaAs) podem ser concebidos para formar heterojunções que optimizam a separação de cargas e reduzem as perdas por recombinação, aumentando ainda mais a eficiência fotovoltaica.

Nanofios de silício

Os nanofios de silício (Si NWs) surgiram como materiais promissores para melhorar as tecnologias fotovoltaicas devido às suas propriedades únicas e capacidades superiores de absorção de luz. Os NW de Si são estruturas unidimensionais com diâmetros que variam entre alguns nanómetros e centenas de nanómetros e comprimentos que se estendem até vários micrómetros. Estes nanofios apresentam um elevado rácio superfície/volume, o que aumenta significativamente a captação e absorção de luz.

Em aplicações fotovoltaicas, as NW de Si podem ser utilizadas para fabricar células solares de elevada eficiência. A geometria única das NW de Si permite-lhes reter a luz de forma mais eficaz do que o silício a granel, aumentando a probabilidade de absorção de fotões e de geração de pares eletrão-buraco. Esta absorção melhorada deve-se às múltiplas reflexões e à dispersão da luz no interior da matriz de nanofios, o que conduz a uma interação prolongada luz-matéria.

Além disso, as NW de Si oferecem uma dinâmica superior dos portadores de carga. A curta distância radial que os portadores de carga percorrem até à superfície dos nanofios reduz as perdas por recombinação e aumenta a eficiência da recolha de carga. Isto resulta numa maior eficiência global da célula solar. As células solares baseadas em Si NW podem também ser flexíveis e leves, o que as torna adequadas para várias aplicações, incluindo dispositivos portáteis e de vestir. Apesar dos desafios da produção e integração em grande escala, os esforços de investigação e desenvolvimento em curso continuam a fazer avançar o potencial das NW de Si nas tecnologias fotovoltaicas da próxima geração [22].

Nanofios de seleneto de cobre, índio e gálio

Os nanofios (NWs) de seleneto de cobre, índio e gálio (CIGS) estão a emergir como materiais promissores para dispositivos fotovoltaicos da próxima geração devido às suas propriedades únicas que aumentam a eficiência da conversão da energia solar. O CIGS é um material semicondutor com um intervalo de banda ajustável, o que lhe permite absorver eficazmente um amplo espetro de luz solar. Quando estruturado em nanofios, o CIGS beneficia de uma maior área de superfície e de um melhor transporte de portadores de carga, que são fundamentais para as aplicações fotovoltaicas. A morfologia de nanofios do CIGS facilita uma absorção eficiente da luz através de uma melhor captação de luz e de perdas de reflexão reduzidas. Esta caraterística é particularmente vantajosa em células solares de película fina, em que a maximização da absorção de luz numa camada fina é essencial para atingir uma eficiência elevada [23].

Além disso, os nanofios CIGS oferecem vantagens em termos de flexibilidade e de potencial relação custo-eficácia em comparação com as tecnologias tradicionais de película fina de CIGS. Os esforços de investigação centram-se na otimização da síntese dos nanofios CIGS, na melhoria das suas propriedades estruturais e eléctricas e na sua integração em arquitecturas eficientes de células solares. À medida que estes avanços progridem, os nanofios CIGS são promissores para a obtenção de dispositivos fotovoltaicos de elevado desempenho, leves e flexíveis, adequados a uma variedade de aplicações [24].

Nanofios de seleneto de cádmio

Os nanofios (NWs) de seleneto de cádmio (CdSe) são nanoestruturas semicondutoras com diâmetros que variam tipicamente entre alguns nanómetros e dezenas de nanómetros e comprimentos que se estendem até vários micrómetros. Estes NWs exibem propriedades ópticas e electrónicas únicas que os tornam candidatos promissores para aplicações fotovoltaicas.

Na energia fotovoltaica, as NW de CdSe são valorizadas pelo seu elevado coeficiente de absorção num amplo espetro de luz solar, permitindo uma conversão eficiente da luz em energia eléctrica. A estrutura de nanofios aumenta a absorção de luz devido ao aumento do comprimento do caminho e às múltiplas reflexões internas dos fotões dentro dos NWs. Esta propriedade é particularmente vantajosa em células solares de película fina, onde a maximização da absorção de luz num pequeno volume é fundamental para melhorar a eficiência. As NWs de CdSe também demonstram excelentes propriedades de transporte de carga, facilitadas pela sua estrutura unidimensional e pela elevada relação superfície/volume. Além disso, as NW de CdSe podem ser sintetizadas utilizando métodos baseados em soluções, o que oferece vantagens potenciais em termos de escalabilidade e rentabilidade para a produção em grande escala de dispositivos fotovoltaicos [25].

Termoeléctrica: Os nanofios são também promissores no domínio da conversão de energia termoeléctrica, onde podem converter diferenças de temperatura diretamente em tensão eléctrica e vice-versa. O desempenho termoelétrico de um material é quantificado pela figura de mérito sem dimensão, ZT. Os nanofios, particularmente os fabricados a partir de telureto de bismuto (Bi2Te3) e de ligas de silício-germânio (SiGe), demonstraram valores ZT elevados devido à sua capacidade de dispersar os fónons (portadores de calor) mantendo a condutividade eléctrica. Esta redução da condutividade térmica, combinada com uma elevada condutividade eléctrica, aumenta a eficiência dos dispositivos termoeléctricos, tornando os nanofios adequados para a recuperação de calor residual e o arrefecimento em estado sólido.

Nanofios de telureto de bismuto

Os nanofios (NWs) de telureto de bismuto (Bi_2Te_3) são materiais altamente promissores para aplicações termoeléctricas devido à sua combinação única de propriedades que permitem a conversão eficiente de calor em eletricidade e vice-versa. O Bi_2Te_3 é um material termoelétrico bem conhecido com uma elevada figura de mérito (ZT) à temperatura ambiente, tornando-o adequado para dispositivos termoeléctricos práticos.

Na termoeletricidade, as NWs de Bi_2Te_3 oferecem várias vantagens em relação aos materiais a granel. As suas dimensões reduzidas conduzem a uma maior dispersão de fões, o que reduz a condutividade térmica, mantendo uma boa condutividade eléctrica. Esta redução na condutividade térmica é crucial para melhorar a eficiência dos dispositivos termoeléctricos, minimizando a perda de calor. A estrutura unidimensional de Bi_2Te_3 NWs também promove o transporte eficiente de portadores de carga ao longo do eixo do nanofio. Esta caraterística reduz a resistência eléctrica e aumenta o coeficiente de Seebeck, que é crucial para maximizar a tensão termoeléctrica gerada através do dispositivo.

Além disso, as NWs de Bi_2Te_3 podem ser sintetizadas usando vários métodos, incluindo deposição em fase de vapor e crescimento assistido por modelo, permitindo um controlo preciso sobre as suas dimensões e propriedades. Essa versatilidade nas técnicas de síntese permite que os pesquisadores adaptem as NWs de Bi_2Te_3 para aplicações termoelétricas específicas, como a recuperação de calor residual nos setores automotivo, industrial e de eletrônicos vestíveis [26].

Nanofios de germânio

Os nanofios de germânio (Ge NWs) são materiais promissores para aplicações termoeléctricas devido às suas propriedades únicas que podem aumentar a eficiência da conversão de energia. O Ge é um semicondutor com um coeficiente de Seebeck mais elevado do que o silício, o que o torna particularmente adequado para dispositivos termoeléctricos em que a geração de tensão eléctrica a partir de gradientes de temperatura é crucial. Na termoeletricidade, os NWs de Ge oferecem vantagens como a redução da condutividade térmica e o aumento da condutividade eléctrica, que são essenciais para melhorar a figura de mérito (ZT). A estrutura unidimensional das NWs permite uma dispersão eficiente dos fões, reduzindo a condutividade térmica e mantendo uma boa mobilidade dos portadores de carga ao longo do eixo do nanofio. Além disso, as NW de Ge podem ser sintetizadas utilizando técnicas como o crescimento vapor-líquido-sólido (VLS) e a deposição química de vapor (CVD), permitindo um controlo preciso do seu diâmetro, comprimento e estrutura cristalina. Este controlo é benéfico para adaptar as NW de Ge a aplicações termoeléctricas específicas, optimizando o seu desempenho e integração em dispositivos [27].

Armazenamento de energia

No domínio do armazenamento de energia, os nanofios podem melhorar o desempenho de baterias e supercapacitores. No caso das baterias de iões de lítio, os nanofios fabricados a partir de materiais como o silício, o dióxido de titânio (TiO_2) e o óxido de estanho (SnO_2) oferecem uma elevada capacidade e taxas de carga/descarga rápidas devido à sua grande área de superfície e vias eficientes de transporte de electrões. Os nanofios de silício, em particular, podem acomodar grandes alterações de volume durante os processos de litiação e deslitiação, reduzindo o stress mecânico e prolongando a vida útil da bateria. Nos supercapacitores, os nanofios podem servir como materiais de eléctrodos com elevada área de superfície e excelente condutividade, conduzindo a uma melhor densidade de energia e potência [28].

Nanofios de dióxido de titânio

Os nanofios de dióxido de titânio (TiO_2 NWs) são materiais promissores para aplicações de armazenamento de energia, particularmente em baterias e supercapacitores, devido às suas propriedades estruturais e electroquímicas únicas. Os TiO_2 NWs são normalmente utilizados como ânodos em baterias de iões de lítio. A sua nanoestrutura unidimensional oferece várias vantagens, incluindo uma elevada área de superfície e caminhos de difusão encurtados para iões de lítio. Estas propriedades melhoram o desempenho eletroquímico do elétrodo, facilitando a rápida inserção e extração de iões de lítio durante os ciclos de carga e descarga. A morfologia dos nanofios também atenua os problemas de expansão de volume que normalmente ocorrem nos materiais a granel, melhorando a estabilidade dos ciclos e prolongando a vida útil da bateria. Além disso, os TiO_2 NWs exibem excelente estabilidade eletroquímica e segurança, tornando-os adequados para aplicações onde a fiabilidade e segurança a longo prazo são críticas. Os esforços de investigação estão centrados no aumento da capacidade específica e da capacidade de taxa dos eléctrodos baseados em TiO_2

NW através de técnicas de dopagem, modificação da superfície e nanoestruturação [29].

Nos supercapacitores, as NWs de TiO_2 servem como materiais de elétrodo promissores devido à sua elevada área de superfície, boa condutividade eléctrica e propriedades de capacitância favoráveis. A estrutura do nanofio permite o armazenamento eficiente de carga na interface eletrodo-eletrólito, levando a altas densidades de capacitância e armazenamento de energia. Os supercapacitores baseados em TiO_2 NW oferecem vantagens como taxas de carga-descarga rápidas, ciclo de vida longo e compatibilidade ambiental. Estas características tornam-nos adequados para aplicações que requerem uma elevada densidade de potência e um rápido armazenamento e libertação de energia, tais como veículos eléctricos e sistemas de energias renováveis. Os NWs de TiO_2 podem ser sintetizados usando técnicas como deposição em fase de vapor, métodos hidrotérmicos ou crescimento assistido por modelo. Estes métodos permitem um controlo preciso sobre a morfologia dos nanofios, a estrutura cristalina e a química da superfície, optimizando o seu desempenho em dispositivos de armazenamento de energia. Os NWs de TiO_2 representam uma classe promissora de nanomateriais para melhorar as tecnologias de armazenamento de energia. A investigação em curso visa melhorar ainda mais as suas propriedades electroquímicas, escalabilidade e integração em dispositivos avançados de armazenamento de energia, abrindo caminho para soluções energéticas mais eficientes e sustentáveis [30].

Nanofios de óxido de estanho

Os nanofios de óxido de estanho (SnO_2 NWs) estão a emergir como materiais promissores para aplicações de armazenamento de energia, particularmente em baterias e supercapacitores, devido às suas propriedades estruturais, electroquímicas e físicas únicas. SnO_2 NWs são investigados principalmente como materiais de ânodo em baterias de iões de lítio (LIBs). A sua morfologia nanoestruturada oferece várias vantagens sobre os materiais tradicionais a granel, incluindo uma elevada relação área de superfície/volume e caminhos de difusão encurtados para iões de lítio. Isto facilita a rápida inserção e extração de iões durante os ciclos de carga e descarga, melhorando o desempenho global da bateria. A estrutura do nanofio também acomoda as alterações de volume que ocorrem durante os processos de litiação e deslitiação, reduzindo o stress mecânico e melhorando a estabilidade do ciclo. No entanto, o SnO_2 pode sofrer grandes mudanças de volume, levando ao desbotamento da capacidade ao longo dos ciclos, que os pesquisadores atenuam por meio de engenharia em nanoescala e materiais compostos. Em supercapacitores, SnO_2 NWs são utilizados como materiais de eletrodo devido à sua alta capacitância, boa condutividade elétrica e excelente estabilidade de ciclagem. A arquitetura dos nanofios aumenta a capacidade de armazenamento de carga, fornecendo sítios activos abundantes e vias de transporte de carga eficientes. Isto resulta numa melhor densidade de energia e densidade de potência em comparação com os materiais de eléctrodos convencionais. Além disso, as NWs de SnO_2 oferecem a vantagem da sustentabilidade ambiental e da relação custo-benefício, tornando-as atraentes para aplicações de armazenamento de energia em larga escala [31].

SnO_2 NWs podem ser sintetizados usando várias técnicas, como deposição em fase de vapor, métodos solvotérmicos e crescimento assistido por modelo. Esses métodos permitem um controle preciso sobre as dimensões do nanofio, cristalinidade e química da superfície, otimizando seu desempenho eletroquímico em dispositivos de armazenamento de energia. A integração de SnO_2 NWs em arquiteturas práticas de baterias e supercapacitores envolve a exploração de novos designs de eletrodos, formulações de eletrólitos e engenharia de dispositivos para melhorar o desempenho geral e a durabilidade. Os nanofios de SnO_2 representam uma classe promissora de nanomateriais para o avanço das tecnologias de armazenamento de energia. A investigação contínua centra-se na resolução de desafios como a expansão do volume, a melhoria da estabilidade dos ciclos e o aumento dos métodos de produção para concretizar todo o seu potencial em dispositivos de armazenamento de energia da próxima geração.

Apesar dos potenciais benefícios, a aplicação prática dos nanofios na conversão de energia enfrenta desafios como a síntese em grande escala, o custo, a estabilidade e a integração nas tecnologias existentes. Estão a ser desenvolvidas técnicas de fabrico avançadas, como a deposição química de vapor (CVD), a deposição eletroquímica e os métodos assistidos por modelos, para produzir nanofios de alta qualidade com dimensões e propriedades controladas. Além disso, a investigação centra-se na compreensão e atenuação de questões relacionadas com a estabilidade mecânica e o desempenho a longo prazo dos dispositivos baseados em nanofios. Os nanofios representam uma classe versátil e promissora de materiais nanoestruturados para melhorar as tecnologias de conversão de energia. As suas propriedades únicas permitem melhorias significativas na energia fotovoltaica, termoeléctrica e de armazenamento de energia, oferecendo soluções potenciais para a procura crescente de sistemas energéticos eficientes e sustentáveis. À medida que a investigação avança, a superação dos desafios existentes será fundamental para libertar todo o potencial dos nanofios em aplicações práticas.

2.3 Nanotubos

Os materiais nanoestruturados, especificamente os nanotubos de carbono (CNT), têm atraído uma atenção significativa pelo seu potencial para revolucionar as tecnologias de conversão de energia devido às suas excepcionais propriedades eléctricas, térmicas e mecânicas. Os CNT são estruturas cilíndricas compostas por folhas de grafeno enroladas, oferecendo vantagens únicas em várias aplicações de conversão de energia.

Nanotubos de carbono

Os nanotubos de carbono (CNT) são estruturas cilíndricas compostas por folhas de grafeno enroladas, com propriedades excepcionais que os tornam valiosos em várias aplicações de conversão de energia. Os CNT aumentam a eficiência fotovoltaica ao servirem como eléctrodos condutores transparentes, transportadores de carga ou absorvedores de luz. A sua elevada condutividade eléctrica, aliada a uma excelente transparência e flexibilidade, permite uma eficiente recolha de cargas e captação de luz nas células solares. Isto melhora a absorção da luz solar e aumenta a eficiência global da conversão da energia solar em eletricidade. Os CNT apresentam uma condutividade eléctrica e térmica superior, o que os torna materiais ideais para dispositivos termoeléctricos que convertem o calor residual em eletricidade e vice-versa. A sua estrutura unidimensional reduz o transporte de fões, diminuindo assim a condutividade térmica e aumentando a figura de mérito termoelétrico (ZT). Este melhoramento permite uma conversão de energia mais eficiente em aplicações automóveis, industriais e de eletrónica vestível.

Nos dispositivos de armazenamento de energia, como as baterias de iões de lítio e os supercapacitores, os CNT desempenham múltiplas funções. Podem atuar como aditivos condutores em eléctrodos, melhorando o transporte de electrões e reduzindo a resistência à transferência de carga. Os eléctrodos à base de CNT oferecem também uma elevada área de superfície para a adsorção e dessorção de iões, aumentando a energia e a densidade de potência das baterias e dos supercapacitores. Além disso, os CNT podem estabilizar os materiais dos eléctrodos e melhorar a estabilidade dos ciclos. Os CNT são utilizados como suportes de catalisadores em células de combustível, onde aumentam a eficiência e a longevidade das reacções electroquímicas. Proporcionam uma plataforma estável e condutora para as nanopartículas de catalisador, melhorando a cinética das reacções de redução do oxigénio e de oxidação do hidrogénio. Isto resulta numa maior eficiência e durabilidade das células de combustível, tornando os CNT cruciais para o avanço das tecnologias de energia limpa. Apesar das suas propriedades promissoras, desafios como a escalabilidade, a uniformidade e a relação custo-eficácia da produção de CNT impedem a sua comercialização generalizada. A investigação centra-se no desenvolvimento de métodos de síntese escaláveis, no controlo da quiralidade e na funcionalização dos CNT para otimizar o seu desempenho em dispositivos de conversão de energia. A resposta a estes desafios permitirá explorar todo o potencial dos CNT na obtenção de processos de conversão de energia mais eficientes e sustentáveis [32].

Fotovoltaica

Nos dispositivos fotovoltaicos, os CNT são utilizados como eléctrodos transparentes, portadores de carga ou materiais de absorção de luz. A sua elevada condutividade eléctrica, associada a uma excelente transparência e flexibilidade, torna-os ideais para melhorar a eficiência das células solares. Os CNT podem aumentar a absorção de luz através de um transporte eficiente de carga e da captura de luz na estrutura do dispositivo, aumentando assim a quantidade de energia solar convertida em energia eléctrica.

Nanotubos de dióxido de titânio

Os nanotubos de dióxido de titânio (TiO_2 NTs) são materiais nanoestruturados que são promissores para melhorar as tecnologias fotovoltaicas (PV) devido às suas propriedades únicas e aplicações versáteis em dispositivos de células solares. Os TiO_2 NTs possuem uma elevada área de superfície e uma nanoarquitectura bem definida, o que permite uma eficiente captação de luz e transporte de carga. Nas células solares sensibilizadas por corantes (DSSCs), as NTs de TiO_2 são comumente usadas como o andaime mesoporoso no fotoanodo. A estrutura nanotubular fornece uma grande área de superfície para a adsorção de corante e facilita o transporte rápido de electrões das moléculas de corante para o elétrodo, aumentando a eficiência global de absorção de luz e separação de carga.

Os TiO_2 NTs exibem excelente estabilidade eletroquímica e inércia química, que são cruciais para a durabilidade a longo prazo das células solares. Esta estabilidade garante que os dispositivos baseados em TiO_2 NT podem suportar a exposição prolongada à luz solar e condições ambientais adversas sem degradação significativa, levando a uma maior fiabilidade e vida útil do dispositivo. Os TiO_2 NTs podem ser sintetizados com dimensões e propriedades de superfície controláveis, permitindo a adaptação das suas características ópticas e electrónicas para otimizar o desempenho do dispositivo. São compatíveis com vários tipos de arquitecturas fotovoltaicas, incluindo células solares de perovskite e células solares orgânicas, onde podem servir como camadas de transporte de electrões ou componentes activos para melhorar a mobilidade dos portadores de carga e a eficiência da recolha. Apesar das suas vantagens, desafios como a melhoria da condutividade dos TiO_2 NTs, o aumento da sua mobilidade de portadores de carga e a otimização da sua interface com outros materiais em dispositivos de células solares continuam a ser áreas de investigação ativa. As estratégias incluem a dopagem de TiO_2 NTs com iões metálicos ou a utilização de estruturas híbridas para melhorar a condutividade e explorar novas técnicas de fabrico para alcançar uma maior eficiência e escalabilidade. Os nanotubos de TiO_2 representam uma classe promissora de materiais nanoestruturados para o avanço das tecnologias fotovoltaicas. Os esforços contínuos de investigação e desenvolvimento visam ultrapassar as limitações actuais e tirar partido das propriedades únicas dos nanotubos de TiO_2 para impulsionar inovações na conversão de energia solar e contribuir para um panorama energético sustentável.

Nanotubos de fosforeto de índio

Os nanotubos de fosforeto de índio (InP NTs) estão a emergir como materiais promissores para aplicações fotovoltaicas (PV) da próxima geração devido às suas propriedades únicas e potenciais vantagens na tecnologia de células solares. Os NTs InP apresentam um comportamento semicondutor de bandgap direto, o que lhes permite absorver a luz de forma eficiente numa vasta gama do espetro solar. Esta caraterística é crucial para melhorar a capacidade de captação de luz das células solares, aumentando assim a sua eficiência global na conversão da luz solar em eletricidade. A nanoestrutura tubular das NTs de InP proporciona uma grande área de superfície e facilita o transporte eficiente de cargas. Esta estrutura permite uma melhor geração e separação do par eletrão-buraco no interior do material, reduzindo as perdas por recombinação e melhorando o desempenho fotovoltaico global. Os NT de InP podem ser adaptados para otimizar a mobilidade e a condutividade dos portadores de carga, essenciais para obter células solares de elevada eficiência [33].

Os NTs de InP oferecem propriedades ópticas e electrónicas sintonizáveis através do tamanho, composição e modificação da superfície. Os investigadores podem controlar o diâmetro e o comprimento dos NTs para corresponder a comprimentos de onda de absorção específicos ou integrá-los em células solares de junção múltipla para uma melhor utilização espetral. Além disso, as técnicas de dopagem e de funcionalização da superfície permitem o ajuste fino do intervalo de banda e da química da superfície para melhorar o desempenho do dispositivo. As NT de InP podem ser integradas em várias arquitecturas de células solares, incluindo células em tandem e dispositivos híbridos. Podem servir como componentes activos em células fotoelectroquímicas ou como materiais absorventes em células solares de terceira geração, tais como células solares de pontos quânticos ou células solares sensibilizadas por corantes. A sua compatibilidade com diferentes substratos e técnicas de fabrico torna-os versáteis para alcançar uma maior eficiência e estabilidade nos sistemas fotovoltaicos. Apesar do seu potencial, continuam a existir desafios como a escalabilidade, a estabilidade em condições de funcionamento e a relação custo-eficácia da produção em grande escala.

Termoeléctrica

Os CNT apresentam propriedades de transporte térmico e elétrico notáveis, que são fundamentais para as aplicações termoeléctricas. Podem aumentar a figura de mérito (ZT) reduzindo a condutividade térmica e mantendo uma boa condutividade eléctrica. Esta combinação única facilita a conversão eficiente de calor residual em eletricidade e vice-versa. Os materiais termoeléctricos baseados em CNT estão a ser explorados para aplicações na recuperação de calor residual em automóveis, processos industriais e eletrónica portátil.

Nanotubos de silício

Os nanotubos de silício (SiNTs) são materiais promissores para aplicações termoeléctricas devido às suas propriedades estruturais e electrónicas únicas, que podem aumentar significativamente a eficiência da conversão de energia. Os SiNTs, com a sua nanoestrutura tubular, apresentam uma maior dispersão de fões em comparação com o silício a granel. Esta propriedade leva a uma condutividade térmica reduzida, o que é crucial para os materiais termoeléctricos. Uma condutividade térmica mais baixa nos SiNTs ajuda a minimizar a perda de calor e a melhorar a figura de mérito termoelétrico (ZT), um parâmetro-chave que determina a eficiência. Esta redução da condutividade térmica é conseguida devido ao aumento da dispersão de fões nas interfaces e no interior dos próprios nanotubos, aumentando assim o gradiente de temperatura necessário para uma conversão eficiente da energia termoeléctrica. Os SiNT demonstram também uma excelente condutividade eléctrica ao longo do eixo dos nanotubos. Esta elevada condutividade é benéfica para facilitar o transporte eficiente de portadores de carga, permitindo o movimento rápido de electrões através da estrutura do nanotubo. O transporte eficiente de portadores de carga é essencial para maximizar o coeficiente de Seebeck e a condutividade eléctrica, ambos factores críticos que contribuem para valores ZT elevados em materiais termoeléctricos [34].

Os SiNTs podem ser sintetizados utilizando técnicas como o crescimento assistido por molde, a deposição química de vapor (CVD) ou a electrospinning. Estes métodos permitem um controlo preciso das dimensões, morfologia e propriedades da superfície dos SiNTs, optimizando o seu desempenho em dispositivos termoeléctricos. A integração de SiNTs em módulos termoeléctricos práticos envolve a conceção e engenharia de materiais compósitos ou estruturas híbridas que melhorem as suas propriedades termoeléctricas, mantendo simultaneamente a estabilidade mecânica e a fiabilidade em condições operacionais. Os desafios que os SiNTs enfrentam nas aplicações termoeléctricas incluem a escalabilidade dos métodos de síntese, assegurando a uniformidade e a reprodutibilidade, e optimizando as interacções de interface entre os nanotubos e outros componentes dos módulos termoeléctricos.

Nanotubos de óxido de vanádio

Os nanotubos de óxido de vanádio (VO_2 NTs) são materiais promissores para aplicações termoeléctricas devido às suas propriedades estruturais, electrónicas e de transição de fase únicas, que permitem uma conversão eficiente de energia de calor para eletricidade e vice-versa. O VO_2 exibe uma transição metal-isolante (MIT) perto da temperatura ambiente, onde muda de uma fase semicondutora (VO_2) para uma fase metálica (V_2O_3) com o aumento da temperatura. Esta transição é acompanhada por uma mudança significativa na condutividade eléctrica e nas propriedades ópticas, conhecida como termocromismo. Os VO_2 NTs mantêm estas características de transição de fase, oferecendo propriedades sintonizáveis que são vantajosas para aplicações termoeléctricas. Os VO_2 NTs demonstram um elevado coeficiente de Seebeck, que é crucial para converter gradientes térmicos em tensão eléctrica em dispositivos termoeléctricos. Além disso, a sua nanoestrutura única proporciona uma elevada área de superfície e facilita o transporte eficiente de portadores de carga, levando a uma maior condutividade eléctrica ao longo do eixo do nanotubo. Estas propriedades contribuem para melhorar o desempenho termoelétrico e a eficiência dos materiais baseados em VO_2 NT [35].

Os VO_2 NTs exibem uma condutividade térmica reduzida em comparação com o VO_2 a granel, principalmente devido ao aumento da dispersão de fões nas interfaces dos nanotubos e dentro da própria estrutura tubular. Esta redução da condutividade térmica ajuda a minimizar a transferência de calor através do material, aumentando assim o gradiente de temperatura necessário para uma conversão eficiente da energia termoeléctrica. Os VO_2 NTs podem ser sintetizados usando vários métodos, incluindo crescimento assistido por modelo, técnicas sol-gel e síntese hidrotérmica. Estes métodos permitem um controlo preciso das dimensões, morfologia e estrutura cristalina dos nanotubos, optimizando as suas propriedades termoeléctricas. A integração de VO_2 NTs em módulos termoeléctricos envolve a conceção de materiais compósitos ou estruturas híbridas que maximizem a sua eficiência termoeléctrica, mantendo a estabilidade mecânica e a durabilidade em condições operacionais. Os desafios enfrentados pelos VO_2 NTs em aplicações termoeléctricas incluem o aumento da escala dos métodos de produção, a garantia da uniformidade e reprodutibilidade da síntese de nanotubos e a otimização das interacções de interface dentro dos módulos termoeléctricos.

Armazenamento de energia

Os CNT desempenham um papel crucial na melhoria do desempenho dos dispositivos de armazenamento de energia, como as baterias e os supercapacitores. Nas baterias de iões de lítio, os CNT são utilizados como aditivos condutores ou componentes estruturais nos eléctrodos para melhorar o transporte de carga e acomodar as alterações de volume durante os ciclos de carga-descarga. Melhoram a estabilidade cíclica e a densidade energética das baterias. Nos supercapacitores, os CNT funcionam como eléctrodos de elevada área superficial que armazenam a carga de forma eficiente, conduzindo a uma melhor densidade de energia e potência [36].

Nanotubos de cobre

Os nanotubos de cobre (Cu NTs) estão a emergir como materiais promissores para aplicações de armazenamento de energia, particularmente em baterias e supercapacitores, devido às suas propriedades únicas e potenciais vantagens. Os NT de cobre podem ser utilizados em vários componentes de baterias, incluindo eléctrodos e colectores de corrente. A sua elevada condutividade eléctrica facilita o rápido transporte de electrões, melhorando as taxas de carga/descarga e o desempenho global da bateria. As NT de Cu também oferecem boa estabilidade mecânica, o que é crucial para manter a integridade do elétrodo durante ciclos repetidos. Além disso, a sua grande área de superfície aumenta a carga de material ativo, aumentando a densidade energética das baterias. Nos supercapacitores, as NT de Cu são excelentes materiais de eléctrodos devido à sua elevada área de superfície e boa condutividade eléctrica. Esta combinação permite uma acumulação eficiente de carga e a adsorção de iões na interface elétrodo/eletrólito, conduzindo a uma elevada capacitância e a taxas de carga/descarga rápidas. Os supercapacitores à base de Cu NTs apresentam uma densidade de potência e uma estabilidade de ciclo superiores aos eléctrodos convencionais à base de carbono.

Os NTs de Cu podem ser sintetizados através de vários métodos, incluindo crescimento assistido por modelo, deposição eletroquímica e deposição química de vapor (CVD). Estes métodos permitem controlar as dimensões dos nanotubos, a morfologia e as propriedades da superfície, optimizando o seu desempenho em dispositivos de armazenamento de energia. A integração de Cu NTs em aplicações práticas envolve a conceção de materiais compósitos ou estruturas híbridas que melhorem o seu desempenho eletroquímico, assegurando simultaneamente a robustez e estabilidade mecânicas. Os desafios que se colocam às NT de Cu em aplicações de armazenamento de energia incluem a escalabilidade dos métodos de síntese, garantindo a uniformidade e a reprodutibilidade da síntese de nanotubos, e a otimização das interacções de interface nos dispositivos de armazenamento de energia [37].

Nanotubos de óxido de vanádio

Os nanotubos de óxido de vanádio (VO_2 NTs) são materiais promissores para aplicações de armazenamento de energia, particularmente em dispositivos electroquímicos de armazenamento de energia, como baterias e supercapacitores, devido às suas propriedades estruturais e electroquímicas únicas. Os VO_2 NTs exibem alta capacidade específica e boa estabilidade de ciclo, tornando-os candidatos adequados para uso em baterias recarregáveis. Como materiais catódicos, os VO_2 NTs podem sofrer reações redox reversíveis, permitindo o armazenamento e a liberação eficientes de energia elétrica. A sua estrutura nanotubular proporciona uma grande área de superfície para reacções electroquímicas, melhorando a capacidade do elétrodo e aumentando a densidade energética global das baterias.

Nos supercapacitores, os VO_2 NTs servem como excelentes materiais de eléctrodos devido à sua elevada área de superfície, boa condutividade eléctrica e cinética de difusão rápida de iões. Esta combinação permite uma acumulação de carga eficiente e taxas de carga/descarga rápidas, conduzindo a uma elevada densidade de potência e a uma excelente estabilidade de ciclo. Os supercapacitores baseados em VO_2 NT são capazes de armazenar e fornecer energia eléctrica mais rapidamente em comparação com os dispositivos tradicionais de armazenamento de energia, tornando-os adequados para aplicações que requerem uma rápida libertação de energia. Os VO_2 NTs sofrem uma transição reversível de metal-isolante (MIT) perto da temperatura ambiente, acompanhada por mudanças significativas na condutividade elétrica e nas propriedades redox. Esta transição melhora o seu desempenho eletroquímico em aplicações de armazenamento de energia, fornecendo propriedades sintonizáveis e melhorando a capacidade de armazenamento de carga. Durante a transição de fase, os VO_2 NTs mantêm a estabilidade estrutural, o que contribui para sua durabilidade e longa vida útil em dispositivos de armazenamento de energia.

Os VO_2 NTs podem ser sintetizados usando métodos como crescimento assistido por modelo, técnicas sol-gel e síntese hidrotérmica. Estes métodos permitem um controlo preciso das dimensões dos nanotubos, da morfologia e da estrutura cristalina, optimizando as suas propriedades electroquímicas. A integração de VO_2 NTs em dispositivos práticos de armazenamento de energia envolve a conceção de materiais compósitos ou estruturas híbridas que melhorem o seu desempenho, assegurando simultaneamente a robustez mecânica e a estabilidade em condições operacionais. Os desafios na comercialização de VO_2 NTs para armazenamento de energia incluem o aumento da escala dos métodos de produção, garantindo a uniformidade e reprodutibilidade da síntese de nanotubos, e optimizando as interacções de interface dentro dos dispositivos de armazenamento de energia [38].

Armazenamento de hidrogénio e células de combustível

Os CNT mostraram-se promissores no armazenamento de hidrogénio devido à sua elevada área de superfície específica e à sua capacidade de aumentar a adsorção de hidrogénio. Podem também servir como suportes de catalisadores em células de combustível, facilitando as reacções electroquímicas envolvidas na conversão de energia. Os catalisadores à base de CNT melhoram a eficiência e a longevidade dos sistemas de células de combustível, melhorando a cinética da reação e reduzindo a degradação do catalisador.

Nanotubos de bissulfureto de molibdénio

Os nanotubos de dissulfureto de molibdénio (MoS_2 NTs) são uma promessa significativa para aplicações de armazenamento de hidrogénio e células de combustível devido às suas propriedades estruturais e químicas únicas. Os MoS_2 NTs oferecem uma elevada área de superfície e porosidade ajustável, tornando-os candidatos adequados para materiais de armazenamento de hidrogénio. A sua estrutura nanotubular fornece abundantes locais activos para a adsorção de hidrogénio, aumentando a capacidade de armazenamento de hidrogénio dentro do material. Os MoS_2 NTs exibem boa estabilidade química e durabilidade em condições de hidrogenação, o que é crucial para manter ciclos reversíveis de absorção e liberação de hidrogénio. Esta propriedade torna os MoS_2 NTs promissores para aplicações em células de combustível de hidrogénio e dispositivos portáteis de armazenamento de hidrogénio. Os MoS_2 NTs exibem excelente atividade catalítica para reações eletroquímicas envolvidas em células de combustível, como a reação de evolução de hidrogênio (HER) e a reação de redução de oxigênio (ORR). A sua estrutura em camadas com arestas expostas e sítios activos facilita uma electrocatálise eficiente, promovendo uma rápida oxidação do hidrogénio e uma cinética de redução do oxigénio. Isto aumenta a eficiência global e o desempenho dos eléctrodos das células de combustível, conduzindo a uma maior produção de energia e estabilidade.

Os MoS_2 NTs podem ser sintetizados usando vários métodos, incluindo deposição de vapor químico (CVD), síntese hidrotérmica e crescimento assistido por modelo. Estes métodos permitem um controlo preciso das dimensões dos nanotubos, da morfologia e da química da superfície, optimizando as suas propriedades de armazenamento de hidrogénio e catalíticas. A integração de MoS_2 NTs em dispositivos práticos de armazenamento de hidrogénio e de células de combustível envolve a conceção de materiais compósitos ou estruturas híbridas que melhorem o seu desempenho, assegurando simultaneamente a estabilidade mecânica e a durabilidade em condições operacionais. Os desafios na aplicação de MoS_2 NTs para armazenamento de hidrogénio e células de combustível incluem a melhoria da sua capacidade de armazenamento de hidrogénio, o aumento da estabilidade a longo prazo e a redução dos custos de produção.

Nanotubos de nitreto de boro

Os nanotubos de nitreto de boro (BNNT) têm demonstrado um potencial promissor para aplicações no armazenamento de hidrogénio e nas células de combustível devido às suas propriedades estruturais, mecânicas e químicas únicas. Os BNNTs possuem uma estrutura tubular com uma área de superfície específica elevada e uma excelente estabilidade térmica e química. Estas propriedades tornam os BNNT adequados para aplicações de armazenamento de hidrogénio. Os BNNT podem adsorver moléculas de hidrogénio na sua superfície através da fisissorção, em que interacções fracas retêm átomos de hidrogénio sem ligações químicas significativas. Este processo de adsorção permite que os BNNT armazenem hidrogénio de forma eficiente em condições ambientais, contribuindo para o desenvolvimento de soluções compactas e seguras de armazenamento de hidrogénio. Os BNNTs apresentam uma notável atividade catalítica e estabilidade em aplicações de células de combustível, particularmente na reação de evolução do hidrogénio (HER) e na reação de redução do oxigénio (ORR). A sua inerente inércia química e elevada área superficial proporcionam sítios activos para uma electrocatálise eficiente, facilitando a rápida oxidação do hidrogénio e a cinética de redução do oxigénio. Isto melhora o desempenho global e a eficiência das células de combustível, contribuindo para uma maior produção de energia e durabilidade.

Os BNNTs podem ser sintetizados utilizando técnicas como a deposição química de vapor (CVD), descarga de arco e moagem de bolas. Estes métodos permitem um controlo preciso das dimensões, pureza e estrutura cristalina dos nanotubos, optimizando as suas propriedades de armazenamento de hidrogénio e catalíticas. A integração dos BNNT em dispositivos práticos de armazenamento de hidrogénio e de células de combustível implica a conceção de materiais compósitos ou estruturas híbridas que melhorem o seu desempenho, assegurando simultaneamente a estabilidade mecânica e a durabilidade em condições operacionais. Os desafios na aplicação de BNNTs para armazenamento de hidrogénio e células de combustível incluem a melhoria da capacidade de absorção de hidrogénio, o aumento da estabilidade a longo prazo e a redução dos custos de produção.

Os CNTs podem ser sintetizados utilizando técnicas como a deposição química de vapor (CVD), descarga de arco e ablação a laser. No entanto, desafios como o controlo da quiralidade, a pureza e a escalabilidade impedem a sua comercialização generalizada. Os investigadores estão a explorar métodos de produção escaláveis e técnicas de funcionalização para ultrapassar estes desafios e otimizar os CNT para aplicações de conversão de energia. Os nanotubos de carbono representam uma classe versátil de materiais nanoestruturados com potencial de transformação para melhorar as tecnologias de conversão de energia. A sua combinação única de propriedades torna-os adequados para melhorar a eficiência, a sustentabilidade e o desempenho de células solares, dispositivos termoeléctricos, sistemas de armazenamento de energia, armazenamento de hidrogénio e células de combustível. Os esforços de investigação e desenvolvimento em curso visam aproveitar todas as capacidades dos CNT e integrá-los em aplicações práticas para um futuro energético mais sustentável [39].

3. Tecnologia de base nanométrica na conversão de energia solar

A tecnologia de base nanométrica revolucionou o domínio da conversão da energia solar, oferecendo abordagens inovadoras para aumentar a eficiência e reduzir os custos dos sistemas fotovoltaicos. Na vanguarda deste avanço estão os nanomateriais, como os pontos quânticos, os nanofios e os nanotubos, que apresentam propriedades únicas benéficas para o aproveitamento da energia solar.

Os pontos quânticos, nanopartículas semicondutoras com bandgaps sintonizáveis, permitem uma absorção eficiente da luz solar num largo espetro. As suas propriedades electrónicas dependentes do tamanho permitem personalizar os perfis de absorção de acordo com o espetro solar, maximizando assim a conversão de energia. Além disso, os pontos quânticos facilitam o desenvolvimento de células solares leves e flexíveis, expandindo as suas aplicações para além dos tradicionais painéis rígidos.

Os nanofios, caracterizados por elevados rácios de aspeto e grandes áreas de superfície, melhoram a captura da luz e a separação dos portadores de carga nas células solares. Esta caraterística melhora a eficiência da recolha de electrões e buracos fotogerados, o que é crucial para melhorar o desempenho global do dispositivo. Além disso, os nanofios podem ser integrados em substratos transparentes e flexíveis, o que representa um avanço promissor no domínio da energia fotovoltaica para uso pessoal e em edifícios.

Além disso, os nanotubos de carbono apresentam uma excelente condutividade eléctrica e resistência mecânica, o que os torna ideais para materiais de eléctrodos em células solares. A sua elevada relação área de superfície/volume facilita o transporte eficiente de cargas e reduz as perdas de resistência, aumentando assim a produção eléctrica dos dispositivos fotovoltaicos. Os nanotubos de carbono também permitem o fabrico de painéis solares leves e duradouros, adequados a diversas condições ambientais.

Para além de melhorarem o desempenho dos dispositivos, as técnicas de nanoestruturação oferecem soluções rentáveis para aplicações de energia solar. Por exemplo, a litografia por nanoimpressão e os métodos de processamento baseados em soluções permitem a produção em grande escala de células solares nanoestruturadas a custos inferiores aos das técnicas de fabrico tradicionais. Esta escalabilidade é crucial para acelerar a adoção da energia solar à escala global, tornando as energias renováveis mais acessíveis e económicas.

Além disso, os revestimentos e tratamentos de superfície de nanoengenharia melhoram a durabilidade e a estabilidade dos painéis solares contra factores ambientais como a humidade e a radiação UV. Estes avanços prolongam o tempo de vida dos módulos solares e reduzem os custos de manutenção, contribuindo para a viabilidade económica global dos sistemas de energia solar. A tecnologia baseada em nanotecnologias representa uma via prometedora para o avanço da conversão da energia solar. Tirando partido das propriedades únicas dos nanomateriais, os investigadores e engenheiros continuam a alargar os limites da eficiência fotovoltaica, da durabilidade e da relação custo-eficácia. À medida que estas tecnologias amadurecem e aumentam de escala, têm o potencial de impulsionar a adoção generalizada da energia solar, abrindo caminho para um futuro energético sustentável [40].

3.1 Pontos quânticos e suas aplicações em células solares

Os pontos quânticos (QD) surgiram como materiais promissores no domínio das células solares devido às suas propriedades ópticas e electrónicas únicas, oferecendo vantagens significativas em relação aos materiais semicondutores tradicionais, como mostra a figura 3. Estas partículas semicondutoras à escala nanométrica, normalmente com 2 a 10 nanómetros de diâmetro, apresentam propriedades dependentes do tamanho que podem ser ajustadas com precisão para aplicações específicas, incluindo a conversão de energia solar. Uma das principais vantagens dos pontos quânticos nas células solares reside na sua capacidade de absorver e converter eficazmente a luz solar num amplo espetro. Ao contrário dos materiais a granel, os QDs podem ser concebidos para terem bandgaps ajustáveis, variando o seu tamanho, o que lhes permite absorver fotões em diferentes comprimentos de onda da luz. Esta capacidade de sintonização permite aos QDs captar uma maior porção do espetro solar, incluindo os comprimentos de onda do visível e do infravermelho, que são normalmente subutilizados pelas células solares convencionais. Além disso, os pontos quânticos apresentam um fenómeno conhecido como efeito de confinamento quântico, em que as suas propriedades electrónicas, como os níveis de energia e a dinâmica dos portadores de carga, são regidas pela mecânica quântica. Este efeito aumenta a eficiência da separação e transporte de cargas dentro da célula solar, crucial para converter a luz solar absorvida em energia eléctrica com perdas mínimas.

Em termos práticos, os pontos quânticos podem ser integrados nas arquitecturas das células solares de várias formas. Uma das abordagens consiste em incorporar os QD na camada ativa dos dispositivos fotovoltaicos, onde funcionam como absorventes de luz. Os QDs podem ser dispersos numa matriz ou colocados em camadas sobre um substrato, formando uma película fina que converte eficazmente a luz solar em eletricidade. Esta aplicação é particularmente vantajosa em painéis solares leves e flexíveis, uma vez que os QDs podem ser processados utilizando métodos baseados em soluções compatíveis com uma produção de baixo custo e em grande escala. Além disso, os pontos quânticos podem ser utilizados em conjunto com materiais semicondutores tradicionais em células solares multi-junção. Ao empilhar camadas de materiais com diferentes bandgaps, cada um optimizado para absorver diferentes comprimentos de onda da luz, as células de junção múltipla podem atingir eficiências mais elevadas do que os dispositivos de junção única. Os pontos quânticos oferecem uma abordagem versátil para adaptar os espectros de absorção destas camadas, optimizando assim o desempenho global do dispositivo.

Para além do seu papel na absorção da luz, os pontos quânticos também se revelam promissores no aumento da estabilidade e durabilidade das células solares. As técnicas de passivação da superfície podem atenuar os defeitos na interface dos QD, melhorando o tempo de vida dos portadores de carga e reduzindo a degradação ao longo do tempo. Além disso, os QDs têm sido investigados quanto ao seu potencial para aumentar a eficiência das interfaces de extração de carga e melhorar a fotoestabilidade global dos materiais das células solares. Os pontos quânticos representam uma tecnologia inovadora com um vasto potencial para o avanço da conversão da energia solar. As suas propriedades ópticas e electrónicas sintonizáveis, aliadas à compatibilidade com processos de fabrico de baixo custo, posicionam-nos como uma alternativa promissora aos materiais semicondutores tradicionais nas células solares. À medida que a investigação continua a otimizar as concepções das células solares baseadas em QD e a aumentar a escala dos métodos de produção, estes nanomateriais são a chave para alcançar eficiências mais elevadas e aplicações mais vastas no sector das energias renováveis [41].

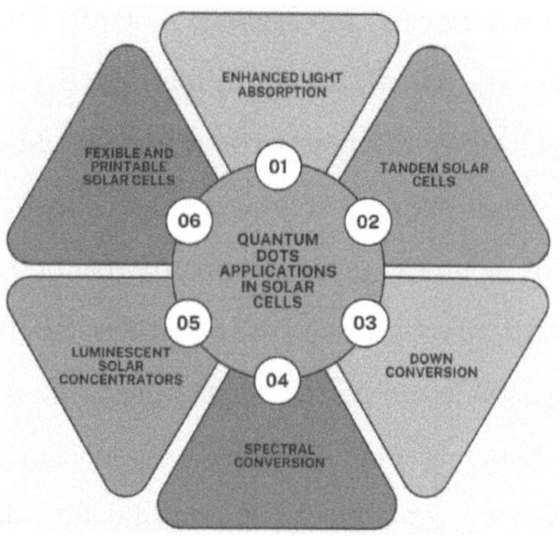

Figura 3. Pontos quânticos e suas aplicações em células solares

Absorção de luz

Os pontos quânticos (QDs) são nanocristais semicondutores cujas propriedades ópticas, incluindo os seus espectros de absorção, dependem fortemente do seu tamanho e composição. Este "bandgap" dependente do tamanho torna os QDs únicos na sua capacidade de absorver luz numa vasta gama de comprimentos de onda. Nas células solares tradicionais à base de silício, o intervalo de banda é fixo, limitando a sua absorção a uma gama mais estreita do espetro solar, principalmente na gama da luz visível.

A capacidade de sintonização dos QDs permite que os investigadores controlem com precisão o seu intervalo de banda, ajustando o seu tamanho durante a síntese. Os QDs mais pequenos têm bandgaps maiores, correspondendo a fotões de maior energia (luz azul), enquanto os QDs maiores têm bandgaps mais pequenos, absorvendo fotões de menor energia (luz vermelha). Esta propriedade permite que os QDs absorvam eficazmente a luz não só no espetro visível, mas também nas regiões do infravermelho e do ultravioleta, que normalmente não são captadas de forma eficiente pelas células solares de silício.

Ao incorporar QDs em projectos de células solares, os investigadores podem criar células solares multi-junção ou em tandem que combinam diferentes materiais semicondutores optimizados para partes específicas do espetro solar. Esta abordagem maximiza a absorção da luz e melhora a eficiência global da conversão da energia solar. A capacidade dos QD para captar um espetro mais amplo de luz solar torna-os candidatos promissores para melhorar o desempenho e a versatilidade das células solares, conduzindo potencialmente a tecnologias de energia solar mais eficientes e económicas no futuro. [42]

Geração de Excitões Múltiplos

A geração de excitões múltiplos (MEG) é um fenómeno exclusivo dos pontos quânticos (QD) que aumenta a sua eficiência em aplicações de células solares. Quando um fotão de alta energia é absorvido por um QD, em vez de produzir apenas um par eletrão-buraco (como nos semicondutores tradicionais), a MEG permite a geração de múltiplos pares eletrão-buraco. Isto ocorre devido ao confinamento dos portadores de carga dentro das dimensões nanométricas do QD, conduzindo a um efeito de cascata em que o excesso de energia é partilhado entre múltiplos electrões e buracos. Em termos práticos, isto significa que um único fotão de alta energia pode gerar dois ou mais pares eletrão-buraco dentro de um QD, aumentando significativamente a fotocorrente produzida pela célula solar. Esta fotocorrente melhorada traduz-se diretamente em eficiências de conversão de energia mais elevadas, tornando o MEG um mecanismo poderoso para melhorar o desempenho das células solares.

A vantagem do MEG nas células solares reside no seu potencial para aumentar a eficiência sem necessidade de materiais adicionais ou de estruturas de dispositivos complexas. Ao aproveitar a MEG, as células solares podem atingir uma maior produção de eletricidade por unidade de luz solar incidente, melhorando assim as capacidades de captação de energia. Isto é particularmente vantajoso para reduzir o custo global por watt de produção de energia solar, uma vez que são necessários menos QDs ou outros materiais para atingir o mesmo nível de conversão de energia. A investigação em curso centra-se na otimização das propriedades dos QDs para maximizar a eficiência da MEG e integrá-los eficazmente nos projectos de células solares. A investigação em curso centra-se na otimização das propriedades dos QD para maximizar a eficiência dos MEG e na sua integração eficaz em projectos de células solares. Este esforço tem por objetivo aproveitar todo o potencial dos pontos quânticos para fazer avançar as tecnologias solares da próxima geração no sentido de uma maior eficiência, acessibilidade e sustentabilidade [43].

Células solares em tandem

As células solares em tandem, também conhecidas como células solares de junção múltipla, são concebidas para ultrapassar as limitações das células solares tradicionais de junção única, incorporando várias camadas de materiais semicondutores com diferentes bandgaps. Os pontos quânticos (QD) desempenham um papel crucial nos projectos de células solares em tandem devido às suas propriedades ópticas únicas e aos seus bandgaps sintonizáveis.

Numa configuração de célula solar em tandem, cada camada de material semicondutor é optimizada para absorver eficientemente uma parte específica do espetro solar. O silício, por exemplo, absorve principalmente a luz visível, mas é menos eficaz na absorção de luz infravermelha e ultravioleta. Ao integrar QDs no projeto, que podem ser sintetizados para absorver luz numa gama mais ampla de comprimentos de onda, incluindo infravermelhos e ultravioleta, as células solares em tandem podem atingir uma eficiência global mais elevada.

Os QDs são particularmente vantajosos neste contexto, uma vez que o seu "bandgap", que depende do tamanho, permite aos investigadores conceber com precisão os seus espectros de absorção. Os QDs mais pequenos têm bandgaps maiores e absorvem fotões de maior energia (luz azul), enquanto os QDs maiores, com bandgaps mais pequenos, absorvem fotões de menor energia (luz vermelha). Esta flexibilidade permite que os QDs complementem o espetro de absorção do silício ou de outros materiais na célula em tandem, garantindo que uma maior porção da luz solar recebida seja convertida em eletricidade.

A integração de QDs em células solares em tandem não só alarga a gama de comprimentos de onda que podem ser efetivamente captados, como também aumenta a eficiência do dispositivo, reduzindo as perdas por termalização. Esta abordagem maximiza a utilização da energia solar e é promissora para alcançar eficiências de conversão de energia mais elevadas em comparação com as células de junção única [44].

Conversão espetral

A conversão espetral utilizando pontos quânticos (QDs) é um processo em que os fotões de alta energia, como a luz azul ou ultravioleta (UV), são absorvidos e depois reemitidos como fotões de baixa energia que correspondem à gama de absorção óptima do material subjacente da célula solar, normalmente o silício. Este fenómeno é crucial para aumentar a eficiência das células solares, alargando a sua capacidade de captar a luz solar num espetro mais amplo.

Os QDs são nanocristais semicondutores com bandgaps sintonizáveis, o que significa que os seus comprimentos de onda de absorção e emissão podem ser controlados ajustando o seu tamanho e composição durante a síntese. Quando integrados numa célula solar, os QDs podem ser estrategicamente concebidos para absorver fotões na gama azul ou UV, comprimentos de onda que o silício por si só não consegue absorver eficazmente. Após a absorção, os QDs emitem fotões em comprimentos de onda mais longos através de um processo denominado fotoluminescência. Estes fotões emitidos, agora na gama do visível ou do infravermelho próximo, são então absorvidos pela camada de silício da célula solar, convertendo eficazmente os fotões de alta energia em eletricidade utilizável.

Este processo de conversão espetral aumenta efetivamente a eficiência global das células solares, reduzindo as perdas por termalização e melhorando a captação de fotões. Permite que as células solares captem uma maior porção do espetro solar que, de outro modo, seria desperdiçada com as concepções tradicionais de junção única. Além disso, a capacidade dos QDs para converter e reemitir fotões permite a personalização de arquitecturas de células solares, como as células em tandem, em que cada camada é optimizada para absorver comprimentos de onda específicos, maximizando assim a eficiência da conversão de energia [45].

Concentradores solares luminescentes

Os concentradores solares luminescentes (LSCs) são dispositivos inovadores que utilizam pontos quânticos (QDs) incorporados em matrizes transparentes para aumentar a eficiência das células solares fotovoltaicas (PV). Estes concentradores funcionam absorvendo a luz solar numa grande área e reemitindo os fotões absorvidos em comprimentos de onda mais longos, normalmente na gama do visível ou do infravermelho próximo.

Os QDs são nanocristais semicondutores que podem ser projectados para absorver a luz em comprimentos de onda específicos, determinados pelo seu tamanho e composição. Quando estes QDs estão dispersos num material transparente, como um polímero ou vidro, absorvem a luz solar num largo espetro. Ao absorverem a luz, os QDs ficam excitados e, subsequentemente, reemitem fotões em comprimentos de onda mais longos através de um processo denominado fotoluminescência.

A luz emitida, que está agora concentrada em comprimentos de onda específicos, fica retida na matriz transparente devido à reflexão interna total. Esta luz retida viaja através do LSC até aos seus bordos, onde pode ser recolhida por células fotovoltaicas de pequena área (células PV) integradas ao longo dos bordos do concentrador. Estas células fotovoltaicas convertem os fotões recolhidos em eletricidade.

As LSC aumentam efetivamente a quantidade de luz solar que chega às células fotovoltaicas, concentrando e direccionando os fotões que, de outra forma, se perderiam ou se dispersariam. Este efeito de concentração permite a utilização de células fotovoltaicas mais pequenas e potencialmente menos dispendiosas, uma vez que podem funcionar de forma mais eficiente com luz concentrada. Além disso, as LSC podem ser concebidas para melhorar a estética dos edifícios, integrando-as nas janelas ou noutros elementos arquitectónicos, proporcionando uma dupla funcionalidade, tanto como captadores de energia como componentes de construção [46].

Células solares flexíveis e imprimíveis

Os pontos quânticos (QDs) oferecem vantagens significativas para o desenvolvimento de células solares flexíveis e imprimíveis, revolucionando o panorama da tecnologia da energia solar. Os QDs são nanocristais semicondutores que podem ser sintetizados com um controlo preciso do seu tamanho e composição, o que lhes permite absorver a luz de forma eficiente num vasto espetro de comprimentos de onda. Esta capacidade de afinação torna-os candidatos ideais para células solares flexíveis, onde os materiais rígidos tradicionais à base de silício seriam impraticáveis.

As células solares flexíveis que incorporam QDs podem ser fabricadas utilizando processos baseados em soluções, como a impressão a jato de tinta, o revestimento rolo a rolo ou o revestimento por pulverização em substratos flexíveis, como plásticos ou mesmo têxteis. Esta versatilidade permite a criação de painéis solares leves e conformáveis que podem ser integrados sem problemas em várias superfícies, incluindo estruturas curvas ou com formas irregulares.

Além disso, os QDs podem ser projectados para serem transparentes ou semi-transparentes, oferecendo oportunidades para células solares que podem ser integradas em janelas ou fachadas de edifícios sem comprometer a estética. Estas células solares transparentes podem captar a luz solar ao mesmo tempo que permitem a transmissão da luz, tornando-as adequadas para aplicações em ambientes urbanos onde o espaço é escasso.

A flexibilidade e a capacidade de impressão das células solares baseadas em QD não só alargam as suas aplicações a superfícies não convencionais, como telhados, janelas e vestuário, como também reduzem os custos de fabrico através de uma utilização eficiente dos materiais e de técnicas de produção escaláveis [47].

1.2 Materiais de perovskite para células solares da próxima geração

Os materiais de perovskite surgiram como um candidato altamente promissor para as células solares da próxima geração, revolucionando o campo com as suas excepcionais propriedades optoelectrónicas e facilidade de fabrico. As perovskitas são uma classe de materiais com uma estrutura cristalina específica semelhante à do mineral perovskita (ABX3), em que A e B são catiões e X é um anião.

Uma das principais vantagens das células solares de perovskite é o seu elevado coeficiente de absorção, que lhes permite converter eficazmente a luz solar em eletricidade utilizando películas finas. Esta propriedade resulta do intervalo de banda direto dos materiais de perovskite, que pode ser regulado ajustando a composição dos elementos A, B e X. Esta capacidade de afinação permite que as células solares de perovskite correspondam ao espetro solar de forma mais eficaz do que as células tradicionais à base de silício, conduzindo a eficiências mais elevadas, como se mostra na figura 4.

Além disso, os materiais de perovskite apresentam longos comprimentos de difusão de portadores, o que significa que os electrões e buracos fotogerados podem percorrer distâncias relativamente longas sem se recombinarem. Esta propriedade é crucial para a extração e recolha eficientes de cargas, melhorando assim o desempenho global das células solares.

As células solares de perovskite podem ser fabricadas utilizando técnicas de processamento de soluções rentáveis, como o revestimento por rotação, a impressão a jato de tinta e a deposição de vapor. Estes métodos permitem a produção em grande escala de películas finas a custos mais baixos em comparação com as células solares tradicionais à base de silício, que normalmente requerem processos de alta temperatura e vácuo. A simplicidade e a versatilidade do fabrico tornam as células solares de perovskite atractivas para comercialização e integração em várias aplicações, incluindo a energia fotovoltaica integrada em edifícios e a eletrónica portátil.

Além disso, os materiais de perovskite registaram rápidos avanços em termos de eficiência ao longo da última década. A eficiência de conversão de energia (PCE) das células solares de perovskite tem aumentado constantemente de menos de 4% para mais de 25% em dispositivos à escala laboratorial, aproximando-se da eficiência das células solares de silício comerciais. Este rápido progresso demonstra o potencial dos materiais de perovskite para superar as tecnologias existentes e fazer baixar o custo da energia solar [48].

No entanto, continuam a existir desafios na comercialização das células solares de perovskite, nomeadamente no que respeita à melhoria da sua estabilidade e durabilidade. Os materiais de perovskite são sensíveis à humidade, ao oxigénio e à degradação induzida pela luz, o que pode limitar a sua vida útil e fiabilidade. Os investigadores estão a explorar ativamente estratégias como o encapsulamento, a engenharia de interfaces e novas composições de materiais para melhorar a estabilidade das células solares de perovskite em condições reais.

Além disso, o impacto toxicológico e ambiental dos materiais de perovskite deve ser cuidadosamente avaliado para garantir a sua utilização sustentável em aplicações fotovoltaicas em grande escala. Estão em curso esforços para desenvolver composições de perovskite sem chumbo e mais respeitadoras do ambiente, mantendo simultaneamente um elevado desempenho. Os materiais de perovskite representam uma tecnologia transformadora para as células solares da próxima geração, oferecendo uma elevada eficiência, um fabrico de baixo custo e propriedades ópticas e electrónicas ajustáveis. Com os esforços de investigação e desenvolvimento em curso centrados no aumento da estabilidade e na resolução de problemas ambientais, as células solares de perovskite são muito promissoras para acelerar a transição global para as fontes de energia renováveis. À medida que estas tecnologias amadurecem, espera-se que venham a desempenhar um papel fundamental na satisfação das futuras necessidades energéticas de forma sustentável e económica.

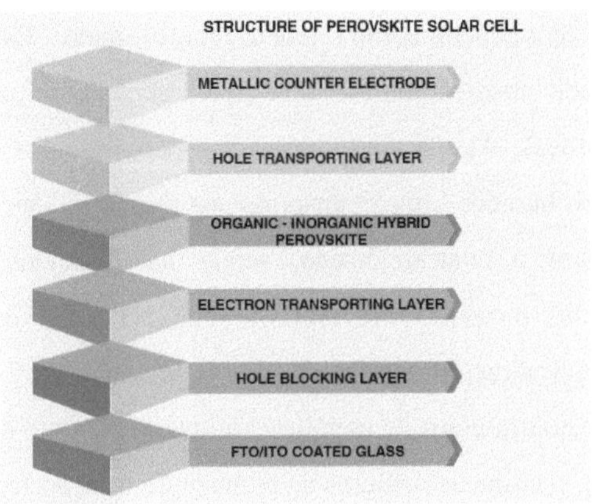

Figura 4. Materiais de perovskite para células solares da próxima geração

Uma célula solar de perovskite (PSC) consiste em várias camadas distintas, cada uma contribuindo para a sua eficiência global na conversão da luz solar em eletricidade. Na base encontra-se o vidro revestido com FTO/ITO, que serve de substrato condutor transparente, permitindo a passagem da luz e proporcionando uma superfície condutora para a recolha de cargas. Por cima, a camada de bloqueio de orifícios assegura que os orifícios são impedidos de chegar à camada de transporte de electrões, permitindo apenas a passagem de electrões e reduzindo as perdas por recombinação. A camada de transporte de electrões, normalmente constituída por materiais como o dióxido de titânio (TiO_2) ou o óxido de zinco (ZnO), facilita a transferência eficiente de electrões da camada de perovskite para o eléctrodo.

O núcleo do PSC é a camada de perovskite híbrida orgânica-inorgânica, estruturada como ABX_3 (em que A é um catião orgânico, como o metilamónio, B é um catião metálico, como o chumbo ou o estanho, e

X é um anião halogeneto, como o iodeto ou o brometo). Esta camada é responsável pela absorção da luz solar e pela geração de pares eletrão-buraco (excitões). Acima desta camada encontra-se a camada de transporte de buracos, que transporta os buracos da camada de perovskite para o contra-elétrodo, sendo habitualmente utilizados materiais como o spiro-OMeTAD ou o P3HT para facilitar este processo e evitar a recombinação.

Finalmente, o contra-elétrodo metálico, muitas vezes feito de ouro (Au) ou prata (Ag), recolhe os orifícios da camada de transporte de orifícios e completa o circuito elétrico. Esta arquitetura em camadas assegura uma absorção eficiente da luz, separação de cargas e transporte de cargas, maximizando a potência de saída da célula solar e conduzindo a uma conversão de energia solar de elevada eficiência nas células solares de perovskite.

As células solares de perovskite (PSC) apresentam várias propriedades excepcionais que as tornam altamente eficientes e promissoras para futuras aplicações de energia solar. Uma das principais vantagens é o seu elevado coeficiente de absorção. Os perovskitas absorvem eficazmente a luz solar num amplo espetro de comprimentos de onda, incluindo a luz visível e a luz infravermelha próxima, devido ao seu intervalo de banda direto e ao seu elevado coeficiente de extinção. Isto significa que as perovskitas podem captar mais luz solar e convertê-la em eletricidade de forma mais eficaz do que muitos materiais tradicionais de células solares. A sua capacidade de absorver uma vasta gama de comprimentos de onda aumenta a eficiência global das PSC, permitindo-lhes ter um bom desempenho mesmo em condições de pouca luz.

Outra vantagem significativa dos materiais de perovskite é o seu intervalo de banda sintonizável. O intervalo de banda dos perovskitas pode ser facilmente ajustado alterando a sua composição química ou estrutura cristalina. Esta capacidade de afinação permite aos investigadores otimizar os materiais de perovskite para diferentes aplicações de células solares. Por exemplo, variando a composição dos halogenetos (como o iodeto, o brometo ou o cloreto) ou substituindo diferentes catiões orgânicos (como o metilamónio ou o formamidínio), o intervalo de banda pode ser ajustado para absorver diferentes partes do espetro solar. Esta flexibilidade é particularmente útil para a criação de células solares de junção múltipla ou em tandem, em que camadas de materiais com diferentes bandgaps são empilhadas para captar mais do espetro solar e obter eficiências globais mais elevadas.

As perovskitas também apresentam uma elevada mobilidade dos portadores de carga, o que é crucial para o transporte e a recolha eficientes de cargas no interior da célula solar. Uma elevada mobilidade dos portadores de carga significa que os electrões e os buracos gerados pela absorção da luz podem deslocar-se rápida e eficazmente através do material para os respectivos eléctrodos. Isto reduz a probabilidade de recombinação, em que os electrões e os buracos se recombinam antes de chegarem aos eléctrodos, melhorando assim a eficiência global da célula solar. A excelente mobilidade dos portadores de carga das perovskitas é comparável ou mesmo melhor do que a dos materiais semicondutores tradicionais, como o silício, o que as torna altamente eficazes na conversão da luz solar em energia eléctrica.

Além disso, uma das características mais atractivas das células solares de perovskite é o seu processamento a baixa temperatura. Ao contrário das células solares de silício tradicionais, que requerem um processamento a alta temperatura e métodos de fabrico intensivos em energia, as células solares de perovskite podem ser fabricadas utilizando métodos baseados em soluções a temperaturas relativamente baixas. Técnicas como o spin-coating, o dip-coating ou a impressão a jato de tinta podem ser utilizadas para depositar camadas de perovskite em substratos, tornando o processo de produção mais simples e mais rentável. Este processamento a baixa temperatura não só reduz os custos de fabrico, como também torna as células solares de perovskite adequadas para produção em grande escala e para aplicação em substratos flexíveis ou leves. Isto abre novas possibilidades para a integração de células solares numa variedade de superfícies, incluindo fachadas de edifícios, janelas e até mesmo eletrónica vestível, expandindo assim as potenciais aplicações da energia solar. O elevado coeficiente de absorção, o intervalo de banda sintonizável, a elevada mobilidade dos portadores de carga e o processamento a baixa temperatura dos materiais de perovskite combinam-se para fazer das células solares de perovskite uma opção altamente eficiente, versátil e económica para as tecnologias de energia solar da próxima geração. Estas propriedades permitem que as células solares de perovskite captem mais luz solar, a convertam em eletricidade de forma mais eficiente e sejam produzidas a um custo inferior, o que as torna uma solução promissora para aumentar a adoção da energia solar em todo o mundo [49].

3.3 Nanopartículas plasmónicas para uma melhor absorção da luz

Nos últimos anos, as nanopartículas plasmónicas têm atraído uma atenção significativa devido à sua capacidade de aumentar a absorção de luz em várias aplicações, nomeadamente em células solares. Estas nanopartículas, normalmente compostas por metais nobres como o ouro e a prata, apresentam um fenómeno único conhecido como ressonância plasmónica de superfície localizada (LSPR). Este efeito ocorre quando os electrões de condução na superfície das nanopartículas oscilam em resposta à luz incidente, conduzindo a uma forte absorção e dispersão da luz em comprimentos de onda específicos.

A incorporação de nanopartículas plasmónicas nas células solares pode aumentar significativamente a sua eficiência, melhorando a absorção da luz solar. Um dos principais mecanismos através dos quais as nanopartículas plasmónicas conseguem isto é a concentração da luz no seu campo próximo. Quando a luz interage com estas nanopartículas, cria campos electromagnéticos localizados à sua volta, intensificando a luz que atinge a camada ativa da célula solar. Este aumento da intensidade da luz pode levar a uma maior geração de pares eletrão-buraco, melhorando assim a fotocorrente global.

Além disso, as nanopartículas plasmónicas podem dispersar a luz para o interior da célula solar, aumentando efetivamente o comprimento do caminho ótico dos fotões no interior do material ativo. Este efeito de dispersão é particularmente benéfico para as células solares de película fina, em que a camada ativa é relativamente fina e a absorção de luz é inerentemente limitada. Ao dispersar a luz para os lados e para trás, as nanopartículas plasmónicas garantem que os fotões têm uma maior probabilidade de serem absorvidos, aumentando assim a eficiência da célula.

As nanopartículas plasmónicas podem ser integradas nas células solares em várias configurações. Uma abordagem comum é a sua incorporação direta na camada ativa da célula solar. Este método permite que as nanopartículas interajam estreitamente com o material fotoactivo, maximizando o aumento da absorção da luz. Outra estratégia consiste em colocar as nanopartículas na superfície da camada ativa ou no interior dos revestimentos antirreflexo. Esta configuração pode também melhorar a captação de luz e reduzir as perdas por reflexão, contribuindo ainda mais para o desempenho da célula.

O tamanho, a forma e a composição material das nanopartículas plasmónicas desempenham um papel crucial na determinação das suas propriedades ópticas e da sua eficácia no aumento da absorção da luz. Por exemplo, as nanopartículas esféricas tendem a apresentar uma forte LSPR em comprimentos de onda específicos, ao passo que as formas anisotrópicas, como varetas ou estrelas, podem proporcionar uma gama mais ampla de frequências de ressonância. Ao afinar cuidadosamente estes parâmetros, os investigadores podem otimizar a interação entre as nanopartículas plasmónicas e o material ativo da célula solar para obter a máxima eficiência.

Para além da sua aplicação em células solares, as nanopartículas plasmónicas têm potencial noutras áreas das energias renováveis e da fotónica. Podem ser utilizadas na fotocatálise para a produção de hidrogénio, em que uma maior absorção da luz pode conduzir a reacções químicas mais eficientes. As nanopartículas plasmónicas estão também a ser exploradas para utilização em dispositivos e sensores emissores de luz, tirando partido da sua capacidade de manipular e melhorar a luz à nanoescala.

No entanto, existem desafios associados à utilização de nanopartículas plasmónicas em células solares. É crucial garantir a estabilidade a longo prazo destas nanopartículas em condições operacionais, uma vez que o seu desempenho pode degradar-se com o tempo devido à oxidação ou a outros factores ambientais. Além disso, os processos de fabrico para a integração de nanopartículas plasmónicas em células solares têm de ser escaláveis e rentáveis para facilitar a sua adoção generalizada. As nanopartículas plasmónicas oferecem uma via promissora para melhorar a absorção da luz nas células solares e noutras aplicações fotónicas. Tirando partido das propriedades únicas da ressonância plasmónica de superfície localizada, estas nanopartículas podem melhorar significativamente a eficiência da conversão da energia solar. Os esforços de investigação e desenvolvimento em curso centram-se na otimização da conceção, das técnicas de integração e da estabilidade das nanopartículas, a fim de concretizar plenamente o seu potencial nas tecnologias solares da próxima geração e mais além.A Ressonância Plasmónica de Superfície Localizada (LSPR) é um fenómeno observado em nanopartículas plasmónicas, como o ouro ou a prata, em que ocorrem oscilações ressonantes de electrões de condução quando a luz de um comprimento de onda específico interage com a nanopartícula. Esta interação induz oscilações colectivas de electrões na superfície da nanopartícula, resultando na dispersão e absorção ressonantes da luz. A condição de ressonância depende de factores como o tamanho, a forma e o material das nanopartículas, bem como do meio circundante.

Quando a LSPR ocorre, aumenta significativamente o campo eletromagnético local em torno da nanopartícula. Este efeito de luz concentrada conduz a interacções mais fortes entre a luz e a matéria na vizinhança imediata da nanopartícula. Consequentemente, os efeitos de reforço do campo próximo em torno das nanopartículas plasmónicas podem ser aproveitados para aumentar a eficiência de vários dispositivos optoelectrónicos, incluindo as células solares. Nas células solares, o campo eletromagnético local melhorado melhora a absorção da luz pelos materiais activos, conduzindo a uma maior geração de pares eletrão-buraco e aumentando assim a eficiência global do dispositivo.

A capacidade de concentrar a luz e de aumentar os efeitos de campo próximo faz da LSPR uma ferramenta valiosa para a conceção de dispositivos fotovoltaicos de elevado desempenho, como mostra a figura 5. Ao integrar nanopartículas plasmónicas em células solares, os investigadores pretendem explorar estes efeitos para obter uma maior absorção da luz, um aumento da fotocorrente e, em última análise, eficiências de conversão de energia mais elevadas [50].

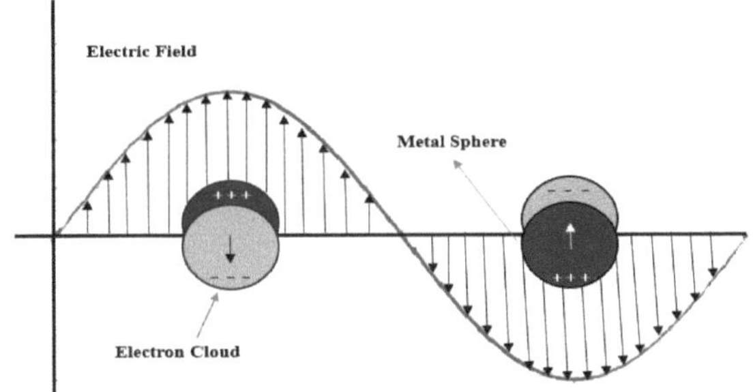

Figura 5. Captura e dispersão da luz nas células solares por nanopartículas plasmónicas

As nanopartículas plasmónicas desempenham um papel crucial na melhoria da retenção e dispersão da luz nas células solares. Quando incorporadas na camada ativa de uma célula solar, estas nanopartículas dispersam a luz que entra, aumentando o comprimento do caminho ótico que a luz percorre dentro do material semicondutor. Este efeito de dispersão significa que os fotões têm mais oportunidades de serem absorvidos pelo semicondutor, aumentando assim a probabilidade de absorção da luz e melhorando a eficiência global da célula solar.

Além disso, as nanopartículas plasmónicas podem ser concebidas para obter uma absorção de banda larga. Ao conceber cuidadosamente o seu tamanho, forma e composição, estas nanopartículas podem interagir com uma vasta gama de comprimentos de onda em todo o espetro solar. Esta flexibilidade de conceção permite a otimização da absorção de luz num espetro alargado, incluindo a luz visível e o infravermelho próximo, que são fundamentais para maximizar a eficiência das células solares. Por exemplo, nanopartículas de diferentes formas (esferas, varetas, conchas) e composições (ouro, prata) podem ser ajustadas para ressoar em comprimentos de onda específicos, garantindo que mais luz solar seja efetivamente captada e convertida em energia eléctrica. A integração de nanopartículas plasmónicas em células solares permite melhorar a dispersão e a absorção em banda larga para melhorar significativamente a captação de luz, tornando as células solares mais eficientes e eficazes na utilização de todo o espetro da luz solar [51].

4. Materiais termoeléctricos nano-avançados para recuperação de calor residual

Os materiais termoeléctricos nanométricos surgiram como uma solução promissora para a recuperação de calor residual, uma área de importância crescente para melhorar a eficiência energética e a sustentabilidade. Os materiais termoeléctricos convertem as diferenças de temperatura diretamente em energia eléctrica, o que os torna ideais para captar o calor residual de processos industriais, motores de automóveis e outras fontes. Ao integrar a nanotecnologia, os investigadores melhoraram significativamente o desempenho destes materiais, aumentando a sua eficiência e aplicabilidade.

A principal métrica para avaliar os materiais termoeléctricos é a figura de mérito sem dimensão, *ZT*, que é definida pela equação 14.

$$ZT = \frac{S^2 \sigma T}{\kappa} \tag{14}$$

em que S é o coeficiente de Seebeck, σ é a condutividade eléctrica, T é a temperatura absoluta e k é a condutividade térmica. Para alcançar uma elevada eficiência termoeléctrica, um material deve possuir um elevado coeficiente de Seebeck e condutividade eléctrica, mantendo simultaneamente uma baixa condutividade térmica. A nanotecnologia oferece várias estratégias para otimizar estas propriedades simultaneamente.

Uma das principais vantagens dos materiais termoeléctricos nanométricos é a redução da condutividade térmica através do aumento da dispersão de fões. A nanoestruturação introduz numerosas interfaces e fronteiras que dispersam os fões, os principais transportadores de calor nos sólidos, de forma mais eficaz do que os electrões, que transportam a corrente eléctrica. Ao reduzir a condutividade térmica sem afetar significativamente a condutividade eléctrica, o valor ZT pode ser aumentado. Por exemplo, a incorporação de nanoinclusões, como nanopartículas ou nanofios, numa matriz termoeléctrica perturba as vias de transporte de fões, conduzindo a uma menor condutividade térmica. Além disso, os efeitos de confinamento quântico em materiais nanoestruturados podem aumentar o coeficiente de Seebeck. Em sistemas de baixa dimensão, como poços quânticos, nanofios e pontos quânticos, a densidade dos estados electrónicos é alterada, o que pode aumentar o coeficiente de Seebeck. Este efeito de confinamento quântico permite um melhor controlo da filtragem da energia dos portadores de carga, melhorando o desempenho termoelétrico global.

Os nanocompósitos, que combinam nanomateriais com materiais termoeléctricos tradicionais, representam outra abordagem para melhorar as propriedades termoeléctricas. Ao selecionar e incorporar cuidadosamente inclusões à escala nanométrica, os investigadores podem adaptar as propriedades de transporte elétrico e térmico do compósito. Por exemplo, a incorporação de nanotubos de carbono ou grafeno numa matriz termoeléctrica pode melhorar a condutividade eléctrica devido à sua excecional mobilidade de portadores, ao mesmo tempo que contribui para a dispersão de fões, reduzindo assim a condutividade térmica.

Para além das melhorias de desempenho, a nanotecnologia pode melhorar as propriedades mecânicas e a estabilidade dos materiais termoeléctricos. A nanoestruturação pode aumentar a resistência mecânica e a flexibilidade dos dispositivos termoeléctricos, tornando-os mais adequados para aplicações práticas em ambientes agressivos. Além disso, a utilização de revestimentos e interfaces à escala nanométrica pode proteger os materiais termoeléctricos da oxidação e da degradação, prolongando o seu tempo de vida útil.

Apesar dos avanços significativos, continuam a existir desafios na adoção generalizada de materiais termoeléctricos nanométricos. A escalabilidade e a relação custo-eficácia da síntese e integração de nanomateriais têm de ser abordadas para permitir a produção em grande escala. Além disso, a estabilidade e o desempenho a longo prazo em condições reais devem ser investigados em profundidade para garantir a fiabilidade. Os materiais termoeléctricos nanométricos oferecem uma abordagem transformadora para a recuperação de calor residual, melhorando significativamente a eficiência da conversão de calor em energia eléctrica. Através da redução da condutividade térmica, do aumento do coeficiente de Seebeck e da melhoria das propriedades mecânicas, a nanotecnologia tem o potencial de revolucionar o campo da termoeletricidade. Os esforços contínuos de investigação e desenvolvimento centrados na otimização destes materiais e na superação de desafios práticos serão cruciais para a realização de todo o seu potencial em tecnologias energeticamente eficientes e em soluções energéticas sustentáveis.

No domínio dos materiais termoeléctricos, a redução da condutividade térmica, mantendo ou melhorando a condutividade eléctrica, é crucial para aumentar a sua eficiência, quantificada pela figura de mérito (ZT). Uma estratégia eficaz é a incorporação de estruturas nanoporosas nestes materiais.

As estruturas nanoporosas introduzem vazios ou poros à escala nanométrica na matriz do material. Estes poros funcionam como centros de dispersão de fónons, os principais transportadores de calor, perturbando os seus mecanismos de transporte térmico. Os fónons, ao encontrarem estas interfaces e fronteiras dentro da estrutura nanoporosa, sofrem múltiplos eventos de dispersão, que reduzem efetivamente o seu caminho livre médio. Esta redução do caminho livre médio limita a propagação dos fões, diminuindo assim a condutividade térmica global do material.

Além disso, a presença de nanoporos não prejudica significativamente a condutividade eléctrica do material. Esta combinação de condutividade térmica reduzida e condutividade eléctrica preservada conduz a um valor ZT melhorado. O valor ZT é crucial nas aplicações termoeléctricas, uma vez que está diretamente relacionado com a eficiência da conversão de calor em eletricidade ou vice-versa.

As estruturas nanoporosas podem ser adaptadas através de técnicas como os métodos sol-gel, a modelação ou o condicionamento químico, permitindo um controlo preciso da dimensão, distribuição e densidade dos poros. Este controlo facilita a otimização do desempenho termoelétrico do material para aplicações específicas, desde a recuperação de calor residual a dispositivos de arrefecimento de estado sólido, em que a maximização do ZT é fundamental para a eficiência e o desempenho. Por conseguinte, as estruturas nanoporosas representam uma via promissora para o avanço dos materiais termoeléctricos no sentido de tecnologias energéticas mais sustentáveis e eficientes.

O reforço das propriedades eléctricas dos materiais termoeléctricos é fundamental para melhorar a sua eficiência global na conversão de calor em eletricidade. Duas abordagens importantes para o conseguir são os efeitos de confinamento quântico e os mecanismos de filtragem de energia.

O confinamento quântico refere-se ao fenómeno observado em nanoestruturas como os pontos quânticos e os nanofios, em que os electrões estão confinados nas três dimensões. Este confinamento conduz a níveis de energia discretos, aumentando a densidade de estados electrónicos perto do nível de Fermi. Como resultado, o coeficiente de Seebeck, que determina a eficiência da conversão de gradientes térmicos em tensão eléctrica, pode ser melhorado. Um coeficiente Seebeck mais elevado significa mais tensão gerada por unidade de diferença de temperatura, crucial para maximizar a potência de saída dos dispositivos termoeléctricos.

A filtragem de energia envolve a incorporação de nanopartículas na matriz do material termoelétrico. Estas nanopartículas criam barreiras potenciais que dispersam seletivamente os electrões de baixa energia, permitindo a passagem de electrões de alta energia. Este processo de dispersão selectiva aumenta efetivamente a energia média dos electrões que contribuem para a corrente eléctrica, aumentando assim o coeficiente de Seebeck. Ao filtrar seletivamente os electrões com base nos seus níveis de energia, a filtragem de energia aumenta a eficiência dos materiais termoeléctricos sem afetar significativamente a sua condutividade eléctrica.

Tanto as estratégias de confinamento quântico como as de filtragem de energia visam otimizar o fator de potência dos materiais termoeléctricos, que é o produto do quadrado do coeficiente de Seebeck e da condutividade eléctrica. Ao maximizar o fator de potência, estas abordagens contribuem para alcançar uma maior eficiência em aplicações de conversão de energia termoeléctrica, desde a recuperação de calor residual em processos industriais até dispositivos portáteis de captação de energia para eletrónica de consumo. Assim, o aproveitamento dos efeitos quânticos e dos mecanismos de filtragem de energia representa um caminho promissor para melhorar as propriedades eléctricas dos materiais termoeléctricos para soluções energéticas sustentáveis. A engenharia da estrutura de bandas desempenha um papel crucial na adaptação das propriedades electrónicas dos materiais termoeléctricos para obter uma maior eficiência. Duas estratégias proeminentes neste domínio são a utilização de super-redes/poços quânticos e a dopagem controlada à nanoescala.

Os super-redes e os poços quânticos envolvem a estratificação precisa de diferentes materiais à nanoescala. Esta estratificação modifica a estrutura de bandas criando efeitos de confinamento quântico, em que os electrões e os buracos são confinados em níveis de energia específicos. Este confinamento altera a densidade de estados perto do nível de Fermi, influenciando tanto a concentração como a mobilidade dos portadores. Ao ajustar a espessura da camada e a composição do material, os engenheiros podem otimizar as propriedades termoeléctricas, como a condutividade eléctrica e o coeficiente de Seebeck, melhorando assim o desempenho global do material.

A dopagem controlada refere-se à introdução intencional de impurezas ou dopantes na estrutura do material à nanoescala. A dopagem pode alterar a concentração de portadores através da introdução de electrões adicionais (dopagem tipo n) ou buracos (dopagem tipo p), modificando assim a condutividade eléctrica. A dopagem à nanoescala permite um controlo preciso do nível e da distribuição da dopagem, minimizando os efeitos prejudiciais, como o aumento da dispersão, e maximizando o aumento das propriedades eléctricas.

Estas técnicas de engenharia da estrutura de bandas são cruciais para melhorar a figura de mérito (ZT) dos materiais termoeléctricos. Ao manipular a estrutura da banda eletrónica através de super-redes/poços quânticos e ao otimizar a concentração de portadores através de dopagem à escala nanométrica, os investigadores podem atingir valores ZT mais elevados. Este avanço é vital para aumentar a eficiência dos dispositivos termoeléctricos em aplicações que vão desde a recuperação de calor residual em motores de automóveis até à produção de energia portátil em ambientes remotos, contribuindo para soluções energéticas sustentáveis. Assim, a engenharia da estrutura de bandas representa uma via promissora no desenvolvimento contínuo de materiais termoeléctricos avançados [53].

4.1 Princípios da conversão de energia termoeléctrica

A conversão de energia termoeléctrica é um fenómeno em que um gradiente de temperatura através de um material gera uma tensão eléctrica, permitindo a conversão direta de calor em energia eléctrica. Este processo é regido pelo efeito Seebeck, em que é produzida uma tensão quando existe uma diferença de temperatura entre duas junções de materiais diferentes. A compreensão dos princípios subjacentes à conversão de energia termoeléctrica é crucial para o desenvolvimento de sistemas eficientes, especialmente quando melhorados com nanotecnologia para a recuperação de calor residual. No centro dos dispositivos termoeléctricos estão os materiais termoeléctricos, que possuem propriedades únicas que facilitam a conversão de calor em eletricidade. A eficiência destes materiais é caracterizada pela figura de mérito sem dimensão, como mostra a equação 15.

$$ZT = \frac{S^2 \sigma T}{\kappa} \tag{15}$$

em que S é o coeficiente de Seebeck (ou termopotência), σ é a condutividade eléctrica, T é a temperatura absoluta e κ é a condutividade térmica. Um valor ZT elevado indica um material termoelétrico mais eficiente. O coeficiente de Seebeck (S) quantifica a quantidade de tensão gerada por unidade de diferença de temperatura. Depende da estrutura da banda eletrónica do material, sendo que os materiais com uma densidade assimétrica de estados perto do nível de Fermi apresentam geralmente um SSS mais elevado. Para aumentar o SSS, a nanotecnologia oferece estratégias como o confinamento quântico, em que dimensões reduzidas alteram as propriedades electrónicas para aumentar a potência térmica.

A condutividade eléctrica (σ) é crucial, pois determina a eficiência com que a tensão gerada pode conduzir uma corrente eléctrica. A nanotecnologia pode melhorar a σ através da incorporação de nanomateriais condutores, como os nanotubos de carbono ou o grafeno, que oferecem uma elevada mobilidade dos portadores de carga e uma reduzida dispersão dos mesmos, aumentando assim a condutividade eléctrica.A condutividade térmica (κ) desempenha um papel fundamental na eficiência termoeléctrica, influenciando o transporte de calor através do material. A nanotecnologia aborda a questão da κ através da introdução de nanoestruturas que dispersam os fónons, as partículas portadoras de calor, reduzindo assim a condutividade térmica sem afetar significativamente a condutividade eléctrica. Os exemplos incluem materiais nanoestruturados em que os limites dos grãos, as interfaces ou as nanopartículas impedem o transporte de fões.

Além disso, a integração de materiais à escala nanométrica em sistemas termoeléctricos pode melhorar as propriedades mecânicas, a estabilidade e a escalabilidade. Os nanocompósitos, por exemplo, combinam materiais termoeléctricos tradicionais com nanopartículas para otimizar as propriedades eléctricas e térmicas. Apesar destes avanços, continuam a existir desafios na obtenção de valores ZT elevados de forma consistente numa vasta gama de temperaturas e na garantia de estabilidade a longo prazo em condições operacionais. A nanotecnologia continua a desempenhar um papel crucial na resposta a estes desafios, oferecendo soluções inovadoras através do controlo preciso das estruturas e interfaces dos materiais.Em conclusão, a conversão de energia termoeléctrica apresenta uma via promissora para aproveitar o calor residual e melhorar a eficiência energética. A nanotecnologia, com a sua capacidade de manipular as propriedades dos materiais à nanoescala, melhora o desempenho termoelétrico através da otimização de S, σ e κ. medida que a investigação e o desenvolvimento de materiais termoeléctricos nanométricos progridem, o potencial destas tecnologias para contribuir significativamente para soluções energéticas sustentáveis continua a crescer [54].

4.2 Abordagens de nanoengenharia para um melhor desempenho termoelétrico

A nanoengenharia oferece abordagens versáteis para melhorar o desempenho termoelétrico através da otimização dos parâmetros-chave coeficiente de Seebeck (S), condutividade eléctrica (σ) e condutividade térmica (κ), essenciais para uma conversão eficiente da energia. Estas estratégias aproveitam as propriedades únicas dos nanomateriais para adaptar o comportamento dos portadores de carga e dos fónons nos materiais termoeléctricos, melhorando assim a sua eficiência global.

Um dos principais desafios dos materiais termoeléctricos é equilibrar a elevada condutividade eléctrica com a baixa condutividade térmica, uma vez que ambas as propriedades influenciam a figura de mérito (ZT). A nanoestruturação aborda este desafio através da introdução de interfaces e defeitos à nanoescala que dispersam os fónons, preservando simultaneamente a condutividade eléctrica do material. Por exemplo, a incorporação de partículas à nanoescala, como nanopartículas ou nanofios, numa matriz termoeléctrica perturba as vias de transporte de fões, reduzindo assim κ sem comprometer significativamente σ. Esta abordagem foi demonstrada com materiais como o telureto de bismuto, em que a nanoestruturação conduz a valores ZT melhorados através da redução efectiva da condutividade térmica.

Os efeitos de confinamento quântico também desempenham um papel crucial nos materiais termoeléctricos de nanoengenharia. Em estruturas de dimensões reduzidas, como os pontos quânticos ou os nanofios, as propriedades electrónicas são alteradas devido ao confinamento quântico, conduzindo a um aumento da potência térmica (S). Ao confinar os portadores de carga em dimensões reduzidas, as nanoestruturas podem aumentar a densidade de estados perto do nível de Fermi, aumentando assim S e melhorando a eficiência da conversão de energia termoeléctrica. Este fenómeno tem sido explorado em vários sistemas materiais para obter coeficientes Seebeck mais elevados, contribuindo para o aumento global da ZT.

Além disso, a nanoengenharia permite um controlo preciso da morfologia e da composição dos materiais termoeléctricos, optimizando ainda mais o seu desempenho. Por exemplo, a conceção de nanoestruturas hierárquicas com escalas de comprimento múltiplas pode criar centros eficazes de dispersão de fões em todo o material, conduzindo a reduções sinérgicas de κ. Técnicas como a deposição de camadas atómicas (ALD) e o processamento baseado em soluções permitem a deposição de películas finas e revestimentos com nanoestruturas adaptadas, melhorando a escalabilidade e a capacidade de fabrico de dispositivos termoeléctricos de nanoengenharia.

Além disso, os avanços na síntese de nanomateriais expandiram a gama de materiais adequados para aplicações termoeléctricas. Materiais como os nanotubos de carbono, o grafeno e os óxidos metálicos oferecem combinações únicas de propriedades eléctricas e térmicas que podem ser adaptadas através da nanoengenharia. Por exemplo, os compósitos à base de grafeno mostraram-se promissores na obtenção de uma elevada condutividade eléctrica, ao mesmo tempo que dispersam eficazmente os fónons, contribuindo para um melhor desempenho termoelétrico.

Além disso, a nanoengenharia estende-se para além da síntese de materiais, incluindo a engenharia de interfaces e a integração de dispositivos. Ao otimizar as interfaces entre diferentes materiais ou camadas dentro de um dispositivo termoelétrico, os investigadores podem minimizar as perdas de energia e melhorar o transporte de portadores de carga. A integração de revestimentos ou barreiras à escala nanométrica também pode proteger os materiais termoeléctricos da degradação e de factores ambientais, melhorando a estabilidade e a longevidade do dispositivo.

Em conclusão, as abordagens de nanoengenharia oferecem uma via para melhorar significativamente o desempenho termoelétrico através da manipulação da estrutura, composição e interfaces do material à nanoescala. Estes avanços não só melhoram a eficiência da conversão de energia em dispositivos termoeléctricos, como também expandem as suas aplicações na recuperação de calor residual, na recolha de energia e na produção de energia portátil. À medida que a investigação continua a alargar os limites dos materiais termoeléctricos de nanoengenharia, as perspectivas de atingir valores ZT mais elevados e de realizar soluções energéticas práticas e sustentáveis continuam a crescer [55].

5. Catalisadores nanoestruturados e eléctrodos em células de combustível

Os catalisadores e eléctrodos nanoestruturados desempenham um papel fundamental no aumento da eficiência, durabilidade e rentabilidade das pilhas de combustível, oferecendo melhorias significativas em relação aos materiais convencionais. As pilhas de combustível são dispositivos electroquímicos que convertem energia química diretamente em energia eléctrica através de reacções entre combustível e oxidantes, normalmente hidrogénio e oxigénio. A nanoestruturação de catalisadores e eléctrodos aumenta a sua área de superfície, facilita uma cinética de reação mais rápida e melhora o desempenho global das tecnologias de células de combustível, como mostra a figura 6.

Um dos componentes críticos de uma célula de combustível é o catalisador, que facilita as reacções electroquímicas nas superfícies dos eléctrodos. Os metais nobres, como a platina (Pt), são normalmente utilizados como catalisadores devido à sua elevada atividade catalítica nas reacções de oxidação do hidrogénio (ânodo) e de redução do oxigénio (cátodo). No entanto, a sua escassez e o seu elevado custo impedem a sua comercialização generalizada. A nanoestruturação oferece uma solução, maximizando a área de superfície cataliticamente ativa das nanopartículas de Pt, reduzindo assim a quantidade de metal precioso necessária, mantendo ou mesmo aumentando a atividade catalítica. Por exemplo, as nanopartículas de Pt suportadas em nanomateriais de carbono de elevada área superficial, como os nanotubos de carbono ou o grafeno, apresentam um desempenho catalítico superior devido à sua maior área superficial e melhores propriedades electrónicas.

Além disso, os catalisadores nanoestruturados podem ser adaptados para otimizar aspectos específicos do funcionamento das células de combustível, como a durabilidade e a tolerância às impurezas. A liga de Pt com outros metais de transição ou a introdução de estruturas de núcleo-casca com camadas protectoras pode aumentar a estabilidade catalítica e a resistência à degradação provocada por contaminantes do combustível ou por ciclos electroquímicos. Estas abordagens de nanoengenharia melhoram o desempenho a longo prazo e a fiabilidade das células de combustível, tornando-as mais adequadas para aplicações práticas.

Para além dos catalisadores, os eléctrodos nanoestruturados desempenham um papel crucial no desempenho das pilhas de combustível, facilitando o transporte eficiente de cargas e a transferência de massa. A nanoestruturação dos eléctrodos, como a camada de difusão de gás (GDL) e a camada de catalisador (CL), aumenta a sua condutividade e área de superfície, melhorando a eficiência global do funcionamento das pilhas de combustível. Por exemplo, as GDL nanoestruturadas com nanotubos de carbono alinhados ou redes porosas de grafeno melhoram a difusão do gás e a gestão da água, cruciais para manter o desempenho ótimo da pilha de combustível em condições de funcionamento variáveis.

Além disso, os eléctrodos nanoestruturados podem melhorar a interface entre o catalisador e o eletrólito, promovendo um transporte eficiente de iões e minimizando as perdas de resistência. Os conjuntos membrana-electrodo de nanoengenharia (MEA), em que as camadas nanoestruturadas de catalisador são integradas em membranas condutoras de protões, melhoram a condutividade global e a durabilidade das células de combustível. Estes avanços contribuem para densidades de potência mais elevadas, maior eficiência do combustível e custos reduzidos associados ao funcionamento das células de combustível.

A nanotecnologia também permite o desenvolvimento de materiais catalisadores alternativos para além dos metais do grupo da platina. Os catalisadores de metais não preciosos, como os óxidos, sulfuretos e nitretos de metais de transição, podem ser nanoestruturados para aumentar a sua atividade catalítica e estabilidade nas reacções das pilhas de combustível. Estes materiais oferecem alternativas rentáveis e reduzem a dependência de recursos escassos, contribuindo para a viabilidade comercial e a escalabilidade das tecnologias das pilhas de combustível. Os catalisadores e eléctrodos nanoestruturados representam uma abordagem transformadora para melhorar a eficiência e a durabilidade das pilhas de combustível. Ao maximizar a área de superfície, otimizar a cinética da reação e melhorar as propriedades dos materiais, a nanotecnologia acelera o desenvolvimento de sistemas de células de combustível mais eficientes e económicos. À medida que a investigação continua a fazer avançar as técnicas de nanoengenharia e a explorar novos materiais, as perspectivas de adoção generalizada das pilhas de combustível no sector automóvel, na produção de energia fixa e em aplicações portáteis continuam a crescer, conduzindo a um futuro energético sustentável. Os catalisadores e eléctrodos nanoestruturados das pilhas de combustível tiram partido das suas características de superfície únicas para melhorar as reacções electroquímicas cruciais para a conversão de energia. Os materiais tradicionais a granel têm uma área de superfície limitada, restringindo o número de sítios activos disponíveis para reacções como a oxidação do combustível e a redução do oxigénio. Em contrapartida, os materiais nanoestruturados, como as nanopartículas, os nanofios e os nanotubos, oferecem uma área de superfície significativamente mais elevada por unidade de volume, devido às suas dimensões à escala nanométrica e aos seus elevados rácios de aspeto.

Esta área de superfície aumentada proporciona sítios activos abundantes onde podem ocorrer reacções electroquímicas. No ânodo, os catalisadores nanoestruturados facilitam a oxidação das moléculas de combustível (por exemplo, hidrogénio, metanol), expondo mais sítios cataliticamente activos para reagir com o combustível que entra e libertar electrões. Do mesmo modo, no cátodo, os eléctrodos nanoestruturados promovem a redução das moléculas de oxigénio, fornecendo locais amplos onde o oxigénio pode reagir com electrões e protões para formar água.

Ao maximizar os sítios activos, os materiais nanoestruturados melhoram a cinética da reação, reduzindo as perdas de energia normalmente associadas ao funcionamento das células de combustível. Este aumento de eficiência traduz-se numa melhor produção de energia e no desempenho global das células de combustível. Além disso, a síntese controlada de nanoestruturas permite adaptar as suas propriedades de superfície para otimizar reacções electroquímicas específicas, aumentando a durabilidade e a estabilidade em condições de funcionamento variáveis. Assim, os catalisadores e eléctrodos nanoestruturados desempenham um papel fundamental no avanço da tecnologia das pilhas de combustível para soluções de conversão de energia mais eficientes e sustentáveis.

A nanoestruturação dos eléctrodos e catalisadores das células de combustível melhora significativamente a cinética das reacções, resolvendo as principais limitações que afectam a eficiência e a produção de energia. Os eléctrodos tradicionais das pilhas de combustível enfrentam frequentemente desafios relacionados com o transporte de massa de reagentes e produtos, o que pode prejudicar as taxas de reação e o desempenho global. Os materiais nanoestruturados, como as nanopartículas e os nanofios, oferecem vantagens distintas devido à sua elevada área de superfície e propriedades de transporte únicas à escala nanométrica.

Em primeiro lugar, os materiais nanoestruturados reduzem as limitações do transporte de massa, encurtando as vias de difusão para que os reagentes cheguem aos sítios activos na superfície do elétrodo. Esta melhor acessibilidade aumenta a frequência de encontro dos reagentes com os sítios catalíticos, promovendo taxas de reação mais rápidas. Em segundo lugar, a elevada relação superfície/volume dos nanomateriais facilita reacções eficientes de transferência de carga, proporcionando numerosos sítios activos onde podem ocorrer reacções electroquímicas. Isto acelera a troca de electrões e iões entre o elétrodo e o eletrólito, crucial para manter a produção contínua de eletricidade nas células de combustível.

Além disso, os nanomateriais apresentam uma maior estabilidade e durabilidade electroquímicas, cruciais para o funcionamento a longo prazo das células de combustível em condições variáveis. A síntese controlada de nanoestruturas permite uma afinação precisa da sua composição e morfologia para otimizar a cinética de reação específica das aplicações das pilhas de combustível. Ao ultrapassar as limitações do transporte de massa e ao melhorar a dinâmica da transferência de carga, os eléctrodos e catalisadores nanoestruturados contribuem significativamente para melhorar a eficiência, o tempo de resposta e o desempenho global das pilhas de combustível, tornando-as viáveis para diversas aplicações de conversão de energia.

Os catalisadores nanoestruturados, como as nanopartículas de metais nobres como a platina, apresentam uma atividade catalítica superior à dos seus homólogos a granel, principalmente devido às suas propriedades de superfície melhoradas à escala nanométrica. O principal fator que determina esta maior atividade é a elevada relação superfície/volume inerente aos nanomateriais. As nanopartículas fornecem um grande número de sítios cataliticamente activos por unidade de massa, facilitando uma interação mais eficiente entre as moléculas reagentes e a superfície do catalisador [57].

Além disso, à escala nanométrica, os materiais sofrem modificações electrónicas e geométricas que optimizam o seu desempenho catalítico. Por exemplo, a estrutura eletrónica das nanopartículas pode diferir significativamente dos materiais a granel, conduzindo a energias de interação e vias de reação catalítica melhoradas. Geometricamente, as nanopartículas podem apresentar irregularidades ou facetas cristalinas específicas que actuam como locais preferenciais para a adsorção e reação de moléculas reagentes.

No contexto das pilhas de combustível, em que as nanopartículas de platina são normalmente utilizadas como catalisadores para a reação de redução do oxigénio (RRO) no cátodo, estas propriedades são cruciais. A maior atividade catalítica por unidade de massa da platina nanoestruturada permite uma conversão mais rápida e eficiente das moléculas de oxigénio em água, essencial para sustentar as reacções electroquímicas que geram energia eléctrica nas pilhas de combustível. De um modo geral, os catalisadores nanoestruturados tiram partido das suas propriedades electrónicas e geométricas únicas à nanoescala para maximizar a eficiência catalítica, tornando-os indispensáveis para o avanço das tecnologias das pilhas de combustível e de outras aplicações impulsionadas pela catálise na conversão de energia e na recuperação ambiental.

Os catalisadores e eléctrodos nanoestruturados oferecem maior durabilidade e estabilidade em aplicações de células de combustível, o que é particularmente importante em condições de funcionamento difíceis, como temperaturas elevadas e ambientes corrosivos. A maior resiliência dos materiais nanoestruturados resulta de vários factores possibilitados pela sua síntese controlada e propriedades estruturais únicas.

Em primeiro lugar, o controlo preciso da síntese de nanomateriais permite adaptar a sua composição química e morfologia. Esta personalização aumenta a sua resistência a mecanismos de degradação como a corrosão e a aglomeração de partículas, que podem comprometer o desempenho ao longo do tempo. Por exemplo, os catalisadores nanoestruturados podem ser projectados com facetas cristalinas específicas ou tratamentos de superfície que melhoram a estabilidade química e minimizam a oxidação da superfície, prolongando assim o seu tempo de vida operacional.

Em segundo lugar, os materiais nanoestruturados apresentam uma maior resistência mecânica e estabilidade térmica devido à sua pequena dimensão e distribuição uniforme. Estas propriedades atenuam a degradação induzida pela tensão durante os ciclos térmicos ou o esforço mecânico, comuns no funcionamento das pilhas de combustível. Em termos de eficiência de custos, embora a síntese inicial de materiais nanoestruturados possa envolver técnicas avançadas, os benefícios superam o investimento inicial. Uma atividade catalítica mais elevada por unidade de massa reduz a quantidade de metais nobres dispendiosos necessários, reduzindo potencialmente os custos dos materiais no fabrico de pilhas de combustível. Além disso, o aumento da eficiência e do desempenho dos catalisadores e eléctrodos nanoestruturados traduz-se numa maior eficiência global da pilha de combustível e em períodos de vida mais longos, reduzindo os custos de manutenção e substituição ao longo do tempo. Esta relação custo-eficácia torna os materiais nanoestruturados cada vez mais atractivos para as aplicações comerciais das pilhas de combustível, impulsionando os avanços nas tecnologias de conversão de energia para soluções mais sustentáveis e economicamente viáveis [58].

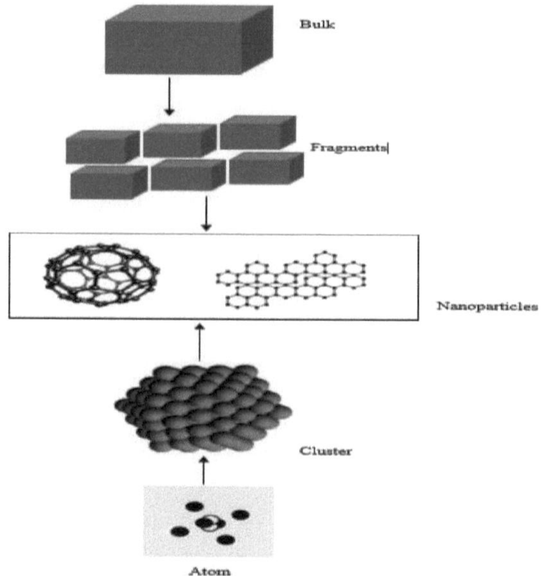

Figura 6. Materiais nanoestruturados

5.1 Papel da nanotecnologia na eficiência das pilhas de combustível

A nanotecnologia desempenha um papel crucial no aumento da eficiência das pilhas de combustível através de várias abordagens inovadoras. As pilhas de combustível são dispositivos electroquímicos que convertem energia química diretamente em energia eléctrica, constituindo uma alternativa promissora à produção de energia tradicional baseada na combustão, devido à sua maior eficiência e menor impacto ambiental. As nanoestruturas, com as suas propriedades físicas e químicas únicas à nanoescala, permitem melhorias significativas em aspectos fundamentais da tecnologia das pilhas de combustível.

Um dos principais benefícios da nanotecnologia nas pilhas de combustível é a melhoria do desempenho dos catalisadores. Os catalisadores são essenciais para facilitar as reacções que ocorrem nas pilhas de combustível, como a reação de redução do oxigénio (ORR) nas pilhas de combustível de membrana permutadora de protões (PEMFC) e a reação de oxidação do hidrogénio (HOR) nas pilhas de combustível de metanol direto (DMFC). Os catalisadores nanoestruturados proporcionam uma elevada relação área superficial/volume, o que aumenta os sítios catalíticos activos disponíveis para a reação, melhorando assim a cinética da reação e a eficiência global. Materiais como as nanopartículas de platina, quando finamente dispersos num material de suporte à escala nanométrica, apresentam uma atividade catalítica superior à dos catalisadores a granel, reduzindo a quantidade de metal precioso necessária e melhorando a relação custo-eficácia.

Além disso, a nanotecnologia ajuda a melhorar a condutividade dos protões e a durabilidade das membranas das células de combustível. As membranas de permuta de protões (PEM) são componentes cruciais que conduzem os protões entre o ânodo e o cátodo, bloqueando os electrões, permitindo assim a reação eletroquímica. As membranas de nano-engenharia podem oferecer melhores propriedades de transporte de protões devido a uma maior retenção de água e a uma redução do cruzamento de metanol, respondendo aos principais desafios das DMFCs e PEMFCs. Materiais como as nanofibras e os nanocompósitos podem adaptar as propriedades das membranas, garantindo uma maior eficiência e tempos de vida mais longos para as células de combustível. Para além dos catalisadores e das membranas, os materiais nanoestruturados desempenham um papel significativo na melhoria da estrutura e montagem dos eléctrodos nas células de combustível. Os eléctrodos de nanoengenharia, como os suportes de carbono nanoestruturados para catalisadores ou as modificações superficiais à escala nanométrica, aumentam a área de superfície disponível para as reacções electroquímicas, conduzindo a melhores densidades de corrente e potência. Estes avanços contribuem para aumentar a eficiência global das células de combustível e a fiabilidade do seu desempenho.

Além disso, a nanotecnologia facilita o desenvolvimento de novos projectos de células de combustível e a sua integração em várias aplicações. Por exemplo, os nanomateriais permitem o fabrico de células de combustível flexíveis e miniaturizadas adequadas à eletrónica portátil ou à integração em veículos, expandindo o mercado potencial da tecnologia das células de combustível para além da produção de energia estacionária. A capacidade de controlar as propriedades dos materiais à escala nanométrica também abre caminhos para métodos de produção sustentáveis e eficientes, reduzindo o impacto ambiental e o consumo de recursos associados ao fabrico de pilhas de combustível. A nanotecnologia desempenha um papel fundamental no aumento da eficiência das pilhas de combustível através de um melhor desempenho dos catalisadores, melhores propriedades das membranas, estruturas de eléctrodos optimizadas e abordagens de conceção inovadoras. Estes desenvolvimentos são cruciais para a realização de todo o potencial das pilhas de combustível como dispositivos de conversão de energia limpos e eficientes, abrindo caminho para uma adoção generalizada em vários sectores, incluindo o automóvel, a produção de energia estacionária e a eletrónica portátil.

5.2 Electrólitos e separadores nanométricos

Os electrólitos e separadores nanométricos estão a transformar o panorama do armazenamento e conversão de energia, trazendo melhorias substanciais em termos de desempenho, segurança e longevidade a dispositivos como baterias, células de combustível e supercapacitores. Os electrólitos são cruciais para o transporte de iões entre os eléctrodos, enquanto os separadores separam fisicamente o ânodo e o cátodo, permitindo o fluxo iónico. Os materiais tradicionais enfrentam limitações como a baixa condutividade iónica, a fraca estabilidade térmica e os riscos de segurança. A nanotecnologia aborda estas questões, melhorando as propriedades dos materiais através de inovações à nanoescala.

Os electrólitos nanométricos melhoram significativamente a condutividade iónica, a estabilidade térmica e o desempenho eletroquímico. A incorporação de nanopartículas como a sílica, a alumina ou a titânia em electrólitos poliméricos cria vias adicionais de condução de iões, aumentando a condutividade iónica. Por exemplo, as nanopartículas cerâmicas dispersas em electrólitos de polímeros sólidos aumentam a mobilidade dos iões, conduzindo a uma maior condutividade. Além disso, os electrólitos nanoestruturados apresentam uma melhor estabilidade térmica e eletroquímica. A incorporação de cargas nanométricas na matriz do eletrólito aumenta a temperatura de decomposição e melhora a tolerância à tensão, o que é essencial para o funcionamento seguro de dispositivos de elevada densidade energética, como as baterias de iões de lítio. Além disso, a nanotecnologia facilita a conceção de electrólitos de estado sólido (SSE), que são alternativas mais seguras aos electrólitos líquidos propensos a fugas e inflamabilidade. Os SSE nanocompostos, que combinam polímeros com nanopartículas inorgânicas, oferecem uma elevada condutividade iónica e flexibilidade mecânica, tornando-os ideais para sistemas avançados de armazenamento de energia.

Do mesmo modo, os separadores nanométricos oferecem múltiplas vantagens, aumentando a segurança e a eficiência dos dispositivos energéticos. Os separadores tradicionais podem falhar sob tensão térmica ou mecânica, provocando curto-circuitos e fugas térmicas. Os separadores nanoestruturados, concebidos para uma maior estabilidade térmica e resistência mecânica, reduzem estes riscos. Por exemplo, os separadores revestidos a nanocerâmica suportam temperaturas mais elevadas, reduzindo o risco de curto-circuito e aumentando a segurança dos dispositivos. A melhoria do transporte iónico é outra vantagem, conseguida através da introdução de nanoporos nos materiais separadores. Os separadores nanoporosos feitos de nanofibras ou nanotubos proporcionam uma elevada área de superfície e porosidade, facilitando uma troca iónica eficiente entre eléctrodos e permitindo taxas de carga e descarga mais rápidas em baterias e supercapacitores. Além disso, os separadores nanométricos com molhabilidade adaptada melhoram a absorção e a distribuição do eletrólito. As nanofibras funcionalizadas na superfície ou os separadores revestidos com nanopartículas melhoram a molhabilidade do eletrólito, assegurando uma distribuição uniforme dos iões e evitando a formação de dendritos, que podem causar falhas na bateria.

As aplicações de electrólitos e separadores nanométricos são vastas, com impacto em várias tecnologias de armazenamento e conversão de energia. Nas baterias de iões de lítio, estas inovações conduzem a densidades de energia mais elevadas, tempos de carregamento mais rápidos e maior segurança. As células de combustível beneficiam de uma maior condutividade de protões e durabilidade, enquanto os supercondensadores vêem aumentados os ciclos de carga-descarga e a estabilidade. A investigação futura centra-se na otimização das nanoestruturas e composições para obter um desempenho ainda mais elevado. As técnicas avançadas de caraterização e a modelação computacional desempenharão um papel fundamental na compreensão dos mecanismos à nanoescala e na orientação da conceção de materiais para dispositivos da próxima geração. Os electrólitos e separadores nanométricos representam um avanço significativo no armazenamento e conversão de energia. Ao melhorar a condutividade iónica, a estabilidade térmica e eletroquímica e o desempenho global, a nanotecnologia dá resposta às limitações críticas dos materiais tradicionais. Estes avanços abrem caminho a dispositivos energéticos mais eficientes, fiáveis e seguros, impulsionando o progresso das tecnologias energéticas sustentáveis. medida que a nanotecnologia continua a evoluir, o potencial para melhorias ainda maiores nos sistemas de armazenamento e conversão de energia continua a ser promissor, oferecendo soluções transformadoras para os desafios energéticos do futuro [59].

6. Avanços nanométricos nas baterias

Os avanços nanométricos nas baterias estão a impulsionar uma revolução na tecnologia de armazenamento de energia, proporcionando melhorias significativas na capacidade, eficiência, taxas de carga/descarga e longevidade geral. A aplicação da nanotecnologia aos materiais e componentes das baterias aborda os principais desafios que há muito impedem o desempenho e a escalabilidade das baterias tradicionais, como as de iões de lítio, de estado sólido e os sistemas da próxima geração. No centro destes avanços estão as propriedades melhoradas que as nanoestruturas trazem aos eléctrodos, electrólitos e separadores das baterias, conduzindo a um desempenho eletroquímico e durabilidade superiores.

Uma das áreas de maior impacto da nanotecnologia nas baterias é o desenvolvimento de eléctrodos de nanoengenharia. Os ânodos e cátodos feitos de materiais nanoestruturados apresentam áreas de superfície muito melhores, o que facilita maiores taxas de troca de iões e caminhos de difusão mais curtos para os iões de lítio. Por exemplo, o silício, apesar da sua elevada capacidade teórica, sofre de uma expansão significativa do volume durante a litiação, o que conduz a uma rápida degradação. No entanto, as nanopartículas ou nanofios de silício podem acomodar estas alterações de volume de forma mais eficaz, mantendo a integridade estrutural e prolongando a vida útil da bateria. Do mesmo modo, os materiais do cátodo, como o fosfato de lítio e ferro (LiFePO4) ou o óxido de lítio e cobalto (LiCoO2), beneficiam de modificações à escala nanométrica que melhoram a sua condutividade e estabilidade estrutural, aumentando assim a capacidade e o desempenho dos ciclos.

Os electrólitos nanométricos proporcionam outro avanço crucial ao melhorarem a condutividade e a estabilidade iónicas. Os electrólitos de estado sólido, que substituem os electrólitos líquidos inflamáveis, são significativamente melhorados com a inclusão de materiais nanoestruturados. Os electrólitos nanocompostos combinam polímeros com nanopartículas cerâmicas, criando um efeito sinérgico que melhora o transporte iónico, mantendo a flexibilidade mecânica e a estabilidade térmica. Isto resulta em baterias mais seguras que podem funcionar a tensões e temperaturas mais elevadas sem comprometer o desempenho. Além disso, os aditivos electrolíticos nanoestruturados podem formar interfases sólido-eletrólito (SEI) protectoras nos ânodos, o que evita reacções secundárias indesejáveis e melhora a eficiência global e o tempo de vida das baterias.

A nanotecnologia também melhora a funcionalidade dos separadores de baterias, que são essenciais para evitar curto-circuitos e permitir o fluxo de iões. Os separadores de nano-engenharia com elevada estabilidade térmica e resistência mecânica podem suportar as condições rigorosas de funcionamento das baterias. Por exemplo, a incorporação de nanofibras ou revestimentos de nanopartículas nos separadores aumenta a sua porosidade e molhabilidade do eletrólito, assegurando uma distribuição uniforme dos iões e evitando a formação de dendritos que podem causar curto-circuitos e falhas. Estes avanços contribuem para a segurança e fiabilidade globais das baterias, particularmente em aplicações exigentes como os veículos eléctricos e a eletrónica portátil. Além disso, a nanotecnologia permite a exploração de produtos químicos de baterias da próxima geração para além das de iões de lítio, como as baterias de lítio-enxofre e lítio-ar. Os cátodos de enxofre, que oferecem capacidades teóricas elevadas, sofrem de dissolução de polissulfureto e de fraca condutividade. No entanto, os hospedeiros de carbono nanoestruturado podem reter os polissulfuretos e melhorar a condutividade, melhorando assim o desempenho e a estabilidade cíclica das baterias de lítio-enxofre. Do mesmo modo, nas baterias de lítio-ar, os catalisadores e eléctrodos de nanoengenharia podem facilitar a redução e a evolução eficientes do oxigénio, respondendo aos principais desafios em termos de eficiência energética e duração do ciclo. Os avanços possibilitados pelos nanomateriais estão a transformar o panorama da tecnologia das baterias, resolvendo as limitações críticas dos sistemas tradicionais e abrindo caminho para soluções de armazenamento de energia com maior desempenho, mais seguras e mais duradouras. Tirando partido das propriedades únicas dos materiais nanoestruturados, os investigadores estão a conseguir avanços significativos na capacidade dos eléctrodos, na estabilidade dos electrólitos e na funcionalidade dos separadores. Estes avanços estão não só a melhorar as capacidades das actuais baterias de iões de lítio, mas também a permitir o desenvolvimento de sistemas da próxima geração com potencial para densidades e eficiências energéticas ainda maiores. medida que a nanotecnologia continua a evoluir, o seu impacto na tecnologia das pilhas promete impulsionar progressos substanciais em várias aplicações, desde os veículos eléctricos à eletrónica portátil e aos sistemas de armazenamento de energia em grande escala, contribuindo para um futuro energético mais sustentável [61].

6.2 Eléctrodos de nanoengenharia

Os eléctrodos de nano-engenharia representam um avanço significativo na tecnologia das baterias, oferecendo melhorias substanciais no desempenho, eficiência e longevidade. Os eléctrodos tradicionais enfrentam frequentemente limitações relacionadas com a capacidade, as taxas de carga/descarga e a estabilidade. A nano-engenharia aborda estas questões através da manipulação de materiais aos níveis atómico e molecular, permitindo a criação de eléctrodos com propriedades melhoradas. Uma das principais vantagens dos eléctrodos nano-engenheirados é a sua maior área de superfície, que facilita reacções electroquímicas mais eficientes. Isto traduz-se em densidades de energia mais elevadas e em capacidades de carga e descarga mais rápidas. Por exemplo, a incorporação de materiais nanoestruturados como nanofios, nanotubos ou nanopartículas pode aumentar significativamente a capacidade do elétrodo para armazenar e libertar energia rapidamente.

Além disso, os eléctrodos de nano-engenharia apresentam propriedades mecânicas melhoradas, como a flexibilidade e a resistência, que contribuem para a durabilidade e o tempo de vida das baterias. São também mais eficazes na redução de problemas como a degradação dos eléctrodos e a diminuição da capacidade, que são comuns nas baterias convencionais.

Além disso, a utilização de nanomateriais permite a incorporação de novos materiais como o grafeno, o silício e os óxidos de metais de transição, melhorando ainda mais o desempenho eletroquímico. Estes materiais oferecem uma condutividade superior, maior capacidade e melhor estabilidade em comparação com os materiais tradicionais dos eléctrodos. Os eléctrodos de nano-engenharia estão a transformar a tecnologia das baterias, proporcionando um desempenho superior, uma vida útil mais longa e uma maior eficiência, abrindo caminho para soluções de armazenamento de energia mais avançadas e fiáveis.

6.2 Electrólitos nanométricos

Os electrólitos nanométricos estão a revolucionar a tecnologia das baterias, melhorando significativamente a condutividade iónica e a estabilidade, o que conduz a um melhor desempenho e segurança. Os electrólitos tradicionais enfrentam frequentemente desafios como a baixa condutividade iónica, a fraca estabilidade térmica e a tendência para formar dendrites, que podem causar curto-circuitos e reduzir o tempo de vida das baterias. A nano-engenharia aborda estas questões através da incorporação de nanomateriais na matriz do eletrólito.

Uma das principais vantagens dos electrólitos nanométricos é a sua capacidade de melhorar a condutividade iónica. As nanopartículas, nanofibras e nanocompósitos aumentam a área de superfície e criam mais vias para o transporte de iões, facilitando um movimento mais rápido e eficiente dos iões entre os eléctrodos. Isto conduz a densidades de potência mais elevadas e a tempos de carregamento mais rápidos.

Além disso, os electrólitos nanométricos melhoram a estabilidade térmica, crucial para a segurança e o desempenho das baterias em várias condições de funcionamento. Os nanomateriais, como as nanopartículas cerâmicas, podem fornecer uma matriz estável que resiste à degradação térmica e reduz o risco de sobreaquecimento, aumentando assim a segurança das baterias.

Além disso, estes electrólitos ajudam a suprimir a formação de dendrites, estruturas em forma de agulha que podem causar curto-circuitos internos. Os nanomateriais criam uma distribuição de iões mais uniforme e uma interface estável entre o eletrólito e os eléctrodos, atenuando o crescimento de dendritos e melhorando a vida útil e a fiabilidade da bateria. Os electrólitos com nanomateriais melhoram significativamente a condutividade iónica e a estabilidade, resolvendo as principais limitações dos electrólitos tradicionais. Este avanço abre caminho a baterias mais seguras, mais eficientes e mais duradouras, cruciais para várias aplicações, desde a eletrónica portátil aos veículos eléctricos e aos sistemas de armazenamento de energias renováveis [63].

6.3 Materiais de eléctrodos nanoestruturados para baterias de elevada densidade energética

Os materiais de eléctrodos nanoestruturados estão na vanguarda do avanço das baterias de alta densidade energética, revolucionando as capacidades dos sistemas de armazenamento de energia através das suas propriedades únicas e métricas de desempenho melhoradas. Estes materiais, concebidos à escala nanométrica, oferecem melhorias substanciais em termos de capacidade, taxas de carga/descarga e longevidade global das baterias, abordando as limitações dos materiais de eléctrodos tradicionais e abrindo caminho a baterias mais potentes e eficientes.

O ânodo, um componente crítico na tecnologia das baterias, tem registado melhorias significativas através da nanoestruturação. Os ânodos tradicionais de grafite, embora fiáveis, têm uma capacidade limitada. O silício, com uma capacidade teórica cerca de dez vezes superior à da grafite, apresenta-se como uma alternativa promissora. No entanto, o silício sofre uma expansão significativa do volume durante a litiação, o que leva a uma rápida degradação. A nanoestruturação do silício em nanopartículas, nanofios ou nanoestruturas ocas ajuda a acomodar estas alterações de volume de forma mais eficaz, mantendo a integridade estrutural e melhorando o ciclo de vida. Por exemplo, os nanofios de silício podem expandir-se e contrair-se sem se pulverizarem, mantendo assim capacidades mais elevadas ao longo de muitos ciclos de carga/descarga. Além disso, o revestimento ou a incorporação de nanopartículas de silício numa matriz de carbono pode aumentar a condutividade e estabilizar ainda mais o ânodo.

Os materiais catódicos também beneficiam imenso com a nanoestruturação. O óxido de lítio-cobalto ($LiCoO_2$), o óxido de lítio-manganês ($LiMn_2O_4$) e o fosfato de lítio-ferro ($LiFePO_4$) são alguns dos materiais catódicos comuns que foram objeto de nanoengenharia para melhorar o seu desempenho. As partículas nanométricas do cátodo proporcionam uma maior área de superfície para as reacções electroquímicas, reduzindo a distância de difusão dos iões de lítio e aumentando assim as taxas de carga/descarga. Por exemplo, o $LiFePO_4$, um material conhecido pela sua estabilidade e segurança, sofre de baixa condutividade eletrónica e de uma difusão lenta dos iões de lítio. Quando sintetizado como partículas nanométricas ou revestido com nanomateriais condutores, como nanotubos de carbono ou grafeno, o LiFePO4 apresenta uma condutividade e uma capacidade de taxa significativamente melhoradas, tornando-o mais adequado para aplicações de alta potência.

Outro aspeto crítico dos materiais de eléctrodos nanoestruturados é a sua capacidade de formar interfases sólido-eletrólito (SEI) robustas. Uma camada SEI estável é essencial para a longevidade e segurança das baterias, uma vez que evita a decomposição contínua do eletrólito e a subsequente diminuição da capacidade. Os ânodos nanoestruturados, como os que incorporam silício ou estanho, podem formar camadas SEI mais uniformes e estáveis em comparação com os seus homólogos a granel, aumentando assim o tempo de vida das baterias. Além disso, a incorporação de revestimentos nanoestruturados ou de tratamentos de superfície nos materiais dos eléctrodos pode estabilizar ainda mais a SEI e melhorar o desempenho global da bateria.

Os materiais nanoestruturados também permitem o desenvolvimento de novos produtos químicos para baterias com densidades energéticas mais elevadas. As baterias de lítio-enxofre (Li-S) e de lítio-ar (Li-O2) são tecnologias promissoras da próxima geração que foram significativamente avançadas através da nanoestruturação. Nas baterias de lítio-enxofre, os cátodos de enxofre oferecem capacidades teóricas elevadas, mas sofrem de fraca condutividade e dissolução de polissulfureto. Os hospedeiros de carbono nanoestruturados, como as nanoesferas de carbono poroso ou as estruturas de grafeno, podem encapsular o enxofre, reter os polissulfuretos e aumentar a condutividade, melhorando assim a capacidade e a estabilidade do ciclo das baterias Li-S. Do mesmo modo, nas baterias de Li-O2, os catalisadores de nanoengenharia e os eléctrodos porosos facilitam reacções eficientes de redução e evolução do oxigénio, respondendo aos principais desafios em termos de eficiência energética e ciclo de vida.

Os materiais de eléctrodos nanoestruturados estão a impulsionar avanços substanciais nas baterias de elevada densidade energética, oferecendo capacidades melhoradas, taxas de carga/descarga mais rápidas e ciclos de vida melhorados. Através da engenharia de materiais à nanoescala, os investigadores estão a ultrapassar as limitações dos materiais tradicionais das baterias e a permitir o desenvolvimento de sistemas de armazenamento de energia da próxima geração. Estes avanços têm potencial para ter um impacto significativo numa vasta gama de aplicações, desde veículos eléctricos a eletrónica portátil e armazenamento de energia à escala da rede, contribuindo para um futuro mais sustentável e eficiente em termos energéticos. À medida que a investigação e o desenvolvimento em nanotecnologia continuam a progredir, as capacidades das baterias de elevada densidade energética serão ainda mais alargadas, abrindo novas possibilidades para soluções avançadas de armazenamento de energia.

Os materiais de eléctrodos nanoestruturados representam um avanço na tecnologia das baterias, oferecendo inúmeras vantagens que, coletivamente, conduzem a sistemas de armazenamento de energia significativamente melhorados. Um dos principais benefícios destes materiais é a sua área de superfície melhorada. Ao utilizar nanofios, nanotubos e nanopartículas, os investigadores podem criar superfícies de eléctrodos com muito mais locais activos para reacções electroquímicas do que os materiais a granel. Este aumento da área de superfície é crucial porque permite uma maior interação entre o eletrólito e o elétrodo, facilitando maiores capacidades de armazenamento de carga e permitindo taxas de carga e descarga mais rápidas. Esta propriedade é particularmente benéfica para aplicações que requerem um rápido fornecimento e armazenamento de energia, como os veículos eléctricos e a eletrónica portátil.

A melhoria da condutividade é outra vantagem notável dos materiais nanoestruturados. Materiais como o grafeno e os nanotubos de carbono apresentam propriedades eléctricas excepcionais, que melhoram o transporte de electrões no interior do elétrodo. Esta condutividade superior reduz a resistência interna, um fator-chave para melhorar a eficiência global da bateria. Uma menor resistência traduz-se numa menor perda de energia durante o funcionamento, conduzindo a baterias mais eficientes que podem fornecer energia de forma mais eficaz e fiável. A elevada condutividade destes nanomateriais é fundamental para alcançar elevadas densidades de energia, tornando-os adequados para aplicações em que são necessárias rápidas explosões de energia.

A estabilidade estrutural é um fator crítico para a longevidade e fiabilidade das baterias, e os nanomateriais também se destacam nesta área. A estabilidade mecânica e a flexibilidade dos materiais nanoestruturados ajudam a manter a integridade do elétrodo durante os repetidos ciclos de carga e descarga. Esta durabilidade é essencial para evitar problemas comuns, como a degradação do elétrodo e a perda de capacidade ao longo do tempo. Por exemplo, o silício, um material conhecido pela sua elevada capacidade teórica de armazenamento de iões de lítio, sofre frequentemente alterações significativas de volume durante os ciclos, o que provoca fissuras e perda de capacidade. No entanto, quando o silício é utilizado em formas nanoestruturadas, como nanofios ou nanopartículas, pode acomodar melhor estas alterações de volume, melhorando a sua estabilidade estrutural e prolongando o tempo de vida da bateria.

As inovações materiais impulsionadas pela nanotecnologia estão a revolucionar os eléctrodos das baterias. O silício nanoestruturado, os óxidos de metais de transição e os fosforetos são alguns exemplos de materiais que oferecem melhorias substanciais em relação aos eléctrodos tradicionais. As nanoestruturas de silício, por exemplo, podem armazenar significativamente mais iões de lítio do que os ânodos de grafite convencionais, o que resulta em densidades de energia muito mais elevadas. Os óxidos e fosforetos de metais de transição também apresentam capacidades teóricas elevadas e um desempenho estável em ciclos, o que os torna candidatos promissores para as baterias da próxima geração [64].

O transporte eficiente de iões é outro aspeto crítico em que os materiais nanoestruturados se destacam. A nanoestruturação pode melhorar a difusão de iões no interior do material do elétrodo, o que é crucial para conseguir ciclos de carga e descarga rápidos. Um melhor transporte de iões traduz-se numa melhor densidade de potência, um parâmetro fundamental para as baterias de elevado desempenho. Por exemplo, as nanopartículas de fosfato de ferro e lítio (LiFePO4) facilitam um movimento mais rápido dos iões de lítio em comparação com as suas contrapartes a granel, aumentando assim a potência da bateria. Esta propriedade é particularmente valiosa para aplicações que requerem um recarregamento rápido e um elevado fornecimento de energia, como os veículos eléctricos e os sistemas de armazenamento na rede.

A segurança é uma preocupação primordial na tecnologia das baterias, e os materiais nanoestruturados contribuem significativamente para as tornar mais seguras. Uma das melhorias de segurança oferecidas pelos nanomateriais é a sua capacidade de distribuir uniformemente a tensão dentro do elétrodo, o que ajuda a evitar a formação de dendrites. As dendrites são estruturas semelhantes a agulhas que podem crescer no interior da bateria durante o carregamento, causando potencialmente curto-circuitos e levando à falha da bateria ou mesmo a incêndios. Ao proporcionar uma distribuição mais uniforme dos iões e uma interface estável entre o eletrólito e os eléctrodos, os materiais nanoestruturados reduzem o risco de formação de dendrites, aumentando assim a segurança e a fiabilidade das baterias.

6.4 Electrólitos nano-engenheirados para um melhor desempenho da bateria

Os electrólitos de nano-engenharia representam uma abordagem transformadora para melhorar o desempenho das baterias, abordando desafios críticos relacionados com a condutividade, estabilidade e segurança dos iões. Os electrólitos desempenham um papel crucial na facilitação do movimento dos iões entre os eléctrodos das baterias, influenciando factores como as taxas de carga/descarga, a densidade energética e o ciclo de vida. A nanoestruturação dos electrólitos envolve a integração de materiais à escala nanométrica na sua composição para obter propriedades electroquímicas superiores e uma eficiência global da bateria.

Um dos principais benefícios dos electrólitos de nano-engenharia é o aumento da condutividade iónica. Os electrólitos líquidos tradicionais, embora amplamente utilizados nas baterias de iões de lítio, apresentam frequentemente limitações como a baixa condutividade e a suscetibilidade à formação de dendritos. Os electrólitos nanoestruturados ultrapassam estes desafios incorporando materiais como nanopartículas cerâmicas (por exemplo, nanopartículas de óxido ou sulfureto) em matrizes poliméricas ou cerâmicas. Estas nanopartículas criam uma rede de vias condutoras de iões no interior do eletrólito, reduzindo a resistência ao transporte de iões e permitindo taxas de carga/descarga mais rápidas. Por exemplo, os electrólitos nanocompostos baseados em matrizes poliméricas enriquecidas com nanopartículas cerâmicas demonstram uma condutividade iónica significativamente melhorada em comparação com os electrólitos convencionais, melhorando assim o desempenho e a eficiência da bateria.

Além disso, os electrólitos de nano-engenharia contribuem para a estabilidade e segurança das baterias, particularmente em aplicações de alta densidade energética. Os electrólitos de estado sólido (SSE), em particular, oferecem vantagens em relação aos electrólitos líquidos, eliminando os riscos de inflamabilidade e melhorando a estabilidade mecânica. A nanoestruturação dos SSEs melhora ainda mais as suas características de desempenho, como o aumento da flexibilidade mecânica e da estabilidade térmica, mantendo simultaneamente uma elevada condutividade iónica. Por exemplo, os SSE nanocompósitos que incorporam nanopartículas cerâmicas apresentam uma resistência mecânica superior e resistência à formação de dendrite, crucial para evitar curto-circuitos e garantir a segurança das baterias a longo prazo. Os electrólitos de nano-engenharia também desempenham um papel vital na melhoria da interface entre os eléctrodos e os electrólitos, melhorando assim o desempenho global da bateria. A formação de uma camada estável de interfase sólido-eletrólito (SEI) nas superfícies dos eléctrodos é fundamental para a eficiência e a longevidade das baterias. Os electrólitos nanoestruturados podem facilitar a formação de uma camada SEI mais uniforme e estável, reduzindo a decomposição do eletrólito e melhorando a estabilidade do ciclo. Esta melhoria é particularmente significativa para a próxima geração de baterias químicas, como as baterias de lítio-enxofre (Li-S) e lítio-ar (Li-O2), em que a estabilidade do eletrólito é essencial para atingir elevadas densidades de energia e uma vida útil prolongada.

Além disso, os electrólitos de nano-engenharia permitem o desenvolvimento de concepções de baterias flexíveis e leves, adequadas a diversas aplicações. Ao incorporar cargas ou aditivos à escala nanométrica, os electrólitos podem ser adaptados a requisitos de desempenho específicos, como o funcionamento a alta tensão, capacidades de carregamento rápido ou maior resistência ambiental. Os electrólitos nanoestruturados também apoiam a escalabilidade e a capacidade de fabrico de tecnologias avançadas de baterias, abrindo caminho para a adoção comercial em veículos eléctricos, eletrónica portátil e sistemas de armazenamento de energia à escala da rede.

Os electrólitos de nano-engenharia representam um avanço significativo na tecnologia das baterias, oferecendo maior condutividade iónica, estabilidade, segurança e desempenho. Ao tirar partido da nanotecnologia para otimizar a composição e a estrutura dos electrólitos, os investigadores estão a ultrapassar as limitações tradicionais e a abrir novas possibilidades para soluções de armazenamento de energia de elevado desempenho. Estes avanços são cruciais para promover a transição para sistemas energéticos sustentáveis, impulsionando a inovação em vários sectores e acelerando a adoção de tecnologias de baterias eficientes e fiáveis no panorama energético global. À medida que a investigação continua a progredir, o potencial para novas melhorias nos electrólitos de nanoengenharia promete moldar o futuro da tecnologia de armazenamento de energia, oferecendo soluções para as exigências em evolução da sociedade moderna [64].

7. Aplicações emergentes da tecnologia de base nanométrica na conversão de energia

As aplicações emergentes da tecnologia baseada em nano na conversão de energia estão a remodelar o panorama da produção, armazenamento e utilização de energias renováveis. A nanotecnologia oferece capacidades únicas para aumentar a eficiência, reduzir os custos e permitir novas funcionalidades em várias tecnologias de conversão de energia, incluindo células solares, células de combustível, dispositivos termoeléctricos e muito mais.

Células solares: As nanoestruturas estão a revolucionar a tecnologia das células solares, melhorando a absorção da luz, a separação de cargas e a eficiência global. Os materiais nanoestruturados, como os pontos quânticos, os nanofios e as nanopartículas plasmónicas, podem ser adaptados para captar comprimentos de onda específicos da luz de forma mais eficiente do que os materiais tradicionais. Por exemplo, os pontos quânticos apresentam bandgaps sintonizáveis, o que lhes permite captar um espetro mais amplo de luz solar. Os eléctrodos nanoestruturados com maior área de superfície melhoram a interface entre os materiais fotoactivos e as camadas de transporte de carga, facilitando uma transferência mais rápida de electrões e reduzindo as perdas por recombinação. Estes avanços são cruciais para fazer avançar as tecnologias fotovoltaicas para eficiências mais elevadas e custos de fabrico mais baixos, tornando a energia solar mais competitiva como fonte de energia renovável.

Células de combustível: Os catalisadores de nanoengenharia são fundamentais na tecnologia das células de combustível para melhorar a eficiência das reacções electroquímicas. As nanopartículas de platina suportadas em nanomateriais de carbono, por exemplo, aumentam significativamente a atividade catalítica, reduzindo a quantidade de metal precioso necessária e melhorando o desempenho das células de combustível. Os eléctrodos e membranas nanoestruturados também aumentam a condutividade dos protões e a durabilidade das pilhas de combustível, permitindo uma conversão mais eficiente do hidrogénio e do oxigénio em energia eléctrica com um impacto ambiental mínimo. Estes desenvolvimentos são cruciais para expandir a aplicação das células de combustível nos transportes e na produção de energia estacionária, oferecendo soluções energéticas limpas e eficientes.

Dispositivos termoeléctricos: Os materiais termoeléctricos nanoestruturados são capazes de converter o calor residual em eletricidade, respondendo aos desafios da sustentabilidade e eficiência energética. Ao reduzir a condutividade térmica, mantendo a condutividade eléctrica, os materiais termoeléctricos nanoestruturados aumentam a figura de mérito termoelétrico (ZT), que determina a eficiência da conversão. As características à nanoescala, como os efeitos de confinamento quântico e os mecanismos de dispersão de fões, optimizam a conversão de calor em eletricidade, tornando os geradores termoeléctricos mais viáveis para a recuperação de calor residual em processos industriais, sistemas de escape de automóveis e dispositivos electrónicos.

Bateria e armazenamento de energia: A nanotecnologia desempenha um papel crucial no avanço da tecnologia das baterias, melhorando os materiais dos eléctrodos, electrólitos e separadores. Os materiais nanoestruturados, como os ânodos de silício e os cátodos de enxofre, permitem densidades de energia mais elevadas e ciclos de vida mais longos nas baterias de iões de lítio. Os electrólitos nanocompostos e os electrólitos de estado sólido aumentam a segurança e a estabilidade, facilitando o desenvolvimento de baterias da próxima geração com melhores métricas de desempenho. Estes avanços são essenciais para satisfazer a procura crescente de soluções de armazenamento de energia em veículos eléctricos, integração de energias renováveis e eletrónica portátil.

Produção e armazenamento de hidrogénio: Os materiais de base nanométrica estão a facilitar os avanços na produção de hidrogénio através da fotocatálise e da electrocatálise. Os nanomateriais com estruturas de bandas e morfologias de superfície adaptadas aumentam a eficiência dos processos de separação da água, gerando combustível de hidrogénio a partir de fontes renováveis, como a luz solar ou a eletricidade. Os materiais nanoestruturados de armazenamento de hidrogénio, como os hidretos metálicos e os nanomateriais à base de carbono, melhoram a capacidade e a cinética de armazenamento de hidrogénio, permitindo células de combustível de hidrogénio mais seguras e mais eficientes para transportes e aplicações fixas.

A tecnologia baseada em nano está a impulsionar inovações significativas na conversão de energia em vários sectores, melhorando a eficiência, a sustentabilidade e a acessibilidade das fontes de energia renováveis. Tirando partido dos princípios de engenharia à escala nanométrica, os investigadores e engenheiros estão a ultrapassar as limitações tradicionais das tecnologias energéticas e a abrir novas oportunidades para soluções energéticas limpas e eficientes. medida que a investigação e o desenvolvimento continuam a progredir, a integração da nanotecnologia promete acelerar a transição para um futuro energético mais sustentável, em que as fontes de energia renováveis desempenham um papel central no aprovisionamento energético global [65].

7.1 Técnicas de produção de hidrogénio através de nanotecnologias

As técnicas de produção de hidrogénio através de nanotecnologias representam uma fronteira promissora na investigação das energias renováveis, oferecendo potenciais soluções para a procura global de fontes de energia limpas e sustentáveis. O hidrogénio é reconhecido como um combustível versátil e amigo do ambiente que pode ser utilizado em células de combustível para a produção de eletricidade ou como matéria-prima em processos industriais. Os materiais nanoestruturados desempenham um papel crucial na melhoria da eficiência, da relação custo-eficácia e da escalabilidade dos métodos de produção de hidrogénio, incluindo a eletrólise, a fotocatálise e os processos biológicos.

7.2 Separação eletroquímica da água

A separação eletroquímica da água, especificamente a eletrólise, é um método amplamente estudado para a produção de hidrogénio, em que as moléculas de água são dissociadas em gases de hidrogénio e oxigénio utilizando energia eléctrica. A nanoestruturação de eléctrodos e electrólitos aumenta a eficiência deste processo, melhorando a atividade do catalisador e reduzindo as necessidades energéticas.

Catalisadores nanoestruturados: A platina e outros metais nobres são catalisadores eficazes para as reacções de evolução do hidrogénio (HER) no cátodo. No entanto, o seu elevado custo e a sua escassez limitam a sua utilização generalizada. Os catalisadores nanoestruturados, como as nanopartículas de platina suportadas em nanomateriais de carbono como o grafeno ou os nanotubos de carbono, oferecem uma área de superfície mais elevada e uma melhor dispersão, melhorando significativamente a eficiência catalítica e reduzindo a quantidade de metal precioso necessária. Além disso, os catalisadores de metais não nobres, como os óxidos ou sulfuretos de metais de transição, quando nanoestruturados, podem atingir um desempenho HER comparável a custos mais baixos.

Ânodos nanoestruturados: A reação de evolução do oxigénio (OER) no ânodo é outro processo crucial na eletrólise da água. A nanoengenharia de materiais anódicos, tais como óxidos metálicos ou óxidos metálicos mistos, melhora a sua atividade electrocatalítica e estabilidade em condições de funcionamento difíceis. Os óxidos nanoestruturados, como os óxidos de níquel-ferro ou as nanopartículas de óxido de cobalto, apresentam uma cinética e uma durabilidade melhoradas do OER, contribuindo para a eficiência global da eletrólise.

Electrólitos nanométricos: Os electrólitos de estado sólido e as membranas nanocompósitas estão a surgir como alternativas aos electrólitos líquidos nas células de eletrólise. Os electrólitos nanoestruturados melhoram a condutividade iónica e a resistência mecânica, enquanto as membranas nanocompósitas com nanoporos facilitam o transporte seletivo de iões e minimizam o cruzamento de gases, aumentando a eficiência e a durabilidade das células.

Produção fotocatalítica de hidrogénio: A fotocatálise utiliza materiais semicondutores para aproveitar a energia solar para a separação da água, um processo que envolve a absorção de fotões para gerar pares eletrão-buraco, que depois conduzem a reacções redox para produzir hidrogénio e oxigénio.

Fotocatalisadores nanoestruturados: A nanoengenharia de fotocatalisadores semicondutores, como o dióxido de titânio (TiO_2), o óxido de zinco (ZnO) ou sulfuretos metálicos (por exemplo, CdS, CdSe), melhora as suas capacidades de absorção de luz e a eficiência da separação de cargas. As nanopartículas nanoestruturadas de TiO_2, por exemplo, apresentam uma área de superfície mais elevada e mais locais activos para reacções fotocatalíticas, o que leva a melhores taxas de produção de hidrogénio sob a luz solar. As modificações da superfície com nanopartículas de metais nobres (por exemplo, platina ou paládio) melhoram ainda mais o desempenho do fotocatalisador, promovendo a separação dos portadores de carga e reduzindo as taxas de recombinação eletrão-buraco.

Suportes nanoestruturados e cocatalisadores: O suporte de fotocatalisadores em materiais nanoestruturados, como nanotubos de carbono ou folhas de grafeno, aumenta a sua estabilidade e atividade fotocatalítica. Os cocatalisadores, como as nanopartículas metálicas ou os catalisadores moleculares, depositados na superfície dos fotocatalisadores, facilitam vias de reação específicas e melhoram a eficiência global da evolução do hidrogénio. Por exemplo, as nanopartículas de níquel ou cobalto suportadas em nanopartículas de TiO2 aumentam significativamente as taxas de produção de hidrogénio fotocatalítico devido a uma melhor dinâmica de transferência de carga e atividade catalítica [66].

7.3 Produção de hidrogénio biológico

A produção biológica de hidrogénio envolve o aproveitamento da atividade metabólica de microrganismos ou enzimas para gerar hidrogénio a partir de matéria orgânica ou água.

Suportes enzimáticos nanoestruturados: A nanoengenharia de matrizes de imobilização de enzimas, como materiais nanoporosos ou nanofibras, melhora a estabilidade da enzima, a acessibilidade do substrato e as taxas de reação. Os nanomateriais, como as nanopartículas de sílica mesoporosa ou as nanofibras de polímero, proporcionam uma elevada área de superfície e uma estrutura de poros adaptada para uma carga e atividade enzimáticas eficientes, permitindo processos robustos de produção enzimática de hidrogénio.

Bioreactores nanométricos: Os materiais nanoestruturados são também utilizados na conceção de biorreactores para uma melhor produção de hidrogénio microbiano. Os eléctrodos nanoestruturados e os materiais de membrana melhoram a eficiência da transferência de electrões e o transporte de iões através de biofilmes microbianos, aumentando o rendimento global de hidrogénio e o desempenho do reator. Além disso, os sensores e dispositivos de monitorização nanométricos facilitam a monitorização em tempo real da atividade microbiana e das taxas de produção de hidrogénio, optimizando as condições do processo e a produtividade.

Apesar dos avanços significativos, o aumento da escala das tecnologias de produção de hidrogénio com base em nanotecnologias para uma implantação comercial generalizada enfrenta vários desafios. A relação custo-eficácia e a escalabilidade continuam a ser os principais obstáculos. Os materiais nanoestruturados e os seus processos de fabrico precisam de ser aperfeiçoados para se obterem preços competitivos em comparação com os métodos convencionais, como a reforma do metano a vapor, que atualmente dominam o panorama da produção de hidrogénio.

A durabilidade e a estabilidade são preocupações fundamentais. Os catalisadores e materiais nanoestruturados devem demonstrar estabilidade e durabilidade a longo prazo em condições operacionais adversas para garantir uma produção fiável de hidrogénio durante períodos prolongados. Para tal, é necessário ultrapassar questões como a degradação do catalisador e a fadiga do material, que podem afetar o desempenho e aumentar os custos de manutenção.

A integração de componentes nanométricos em sistemas práticos de produção de hidrogénio aumenta a complexidade. As questões de compatibilidade entre as nanoestruturas e a infraestrutura existente, juntamente com a otimização da conceção do sistema em termos de eficiência e fiabilidade, apresentam desafios significativos. Conseguir uma integração perfeita e garantir um funcionamento consistente em diversos ambientes operacionais são essenciais para a viabilidade comercial.

A avaliação do impacto ambiental é crucial. A avaliação da sustentabilidade e da toxicidade potencial dos materiais nanoestruturados utilizados na produção de hidrogénio em grande escala é essencial para garantir a gestão ambiental. Compreender os impactos do seu ciclo de vida e abordar as preocupações relacionadas com a sua eliminação e reciclagem são passos fundamentais para uma implantação sustentável.

Os quadros regulamentares e os protocolos de segurança também requerem atenção. O desenvolvimento ou a adaptação de regulamentos para abordar as características únicas e os riscos potenciais associados às tecnologias de produção de hidrogénio nano-ativadas é necessário para garantir a segurança e o cumprimento das normas ambientais. O estabelecimento de directrizes claras para o manuseamento, eliminação e resposta a emergências é essencial para mitigar os potenciais perigos e criar confiança do público nestas tecnologias emergentes. As técnicas de produção de hidrogénio com base em nanotecnologias têm um enorme potencial para transformar o panorama das energias renováveis, fornecendo métodos eficientes, sustentáveis e escaláveis para a produção de combustível de hidrogénio. Tirando partido da nanotecnologia para melhorar o desempenho dos catalisadores, a eficiência fotocatalítica e os processos biológicos, os investigadores estão a avançar no sentido de encontrar soluções de produção de hidrogénio rentáveis e respeitadoras do ambiente.

7.4 Tecnologias de captura de carbono que utilizam nanomateriais

As tecnologias de captura de carbono que utilizam nanomateriais representam uma abordagem de vanguarda no combate às alterações climáticas, atenuando as emissões de dióxido de carbono (CO_2) de vários processos industriais e de produção de energia. Estas tecnologias aproveitam as propriedades únicas dos nanomateriais, como a sua elevada área de superfície e reatividade, para capturar eficazmente o CO_2 dos gases de combustão antes de entrar na atmosfera.

Os nanomateriais utilizados na captura de carbono podem ser genericamente classificados em vários tipos, incluindo estruturas metal-orgânicas (MOF), polímeros orgânicos porosos (POP) e carbonos porosos nanoestruturados. Os MOFs são materiais cristalinos compostos por iões metálicos ou aglomerados ligados por ligandos orgânicos, oferecendo uma porosidade extremamente elevada e uma química de superfície ajustável. Os POP, por outro lado, são polímeros orgânicos com microporosidade intrínseca, proporcionando capacidades de adsorção selectiva de CO_2. Os carvões porosos nanoestruturados abrangem uma gama de materiais como o carvão ativado e os nanotubos de carbono, caracterizados pelas suas grandes áreas de superfície e volumes de poros, ideais para aplicações de adsorção de gases.

O funcionamento destes sistemas de captura de carbono baseados em nanomateriais envolve normalmente a passagem de gás carregado de

CO2 através de um leito ou membrana que contém os nanomateriais. Após o contacto, as moléculas de CO_2 aderem à superfície do material através de mecanismos de adsorção, como a fisissorção ou a quimissorção, dependendo da química e da estrutura do material. Este processo concentra efetivamente o CO_2 para posterior armazenamento ou conversão em produtos valiosos.

Uma das principais vantagens dos nanomateriais na captura de carbono é a sua maior eficiência em comparação com os materiais convencionais. A sua elevada relação área de superfície/volume permite uma maior interação com as moléculas de CO_2 , conduzindo a capacidades de captura mais elevadas por unidade de massa ou volume de material. Esta eficiência é crucial para reduzir as penalizações energéticas e de custos associadas às tecnologias de captura de carbono, tornando-as economicamente mais viáveis e escaláveis.

Além disso, os nanomateriais podem ser adaptados através da funcionalização da superfície ou de modificações estruturais para otimizar o seu desempenho na captura de CO_2 . Esta capacidade de afinação permite aos investigadores conceber materiais com propriedades de adsorção específicas, tais como uma maior seletividade para o CO2 em relação a outros gases como o azoto ou o vapor de água, aumentando a eficiência global da captura.

Para além da captura, os nanomateriais também desempenham um papel nas estratégias de utilização e armazenamento de CO_2 (CCUS). O CO_2 capturado pode ser convertido em produtos valiosos, como combustíveis, produtos químicos ou materiais de construção, através de processos catalíticos facilitados por nanomateriais. Em alternativa, o

CO_2 pode ser armazenado em formações geológicas ou utilizado em operações de recuperação avançada de petróleo (EOR), contribuindo para a atenuação das alterações climáticas e para os benefícios económicos.

Apesar destas vantagens, continuam a existir desafios no aumento da escala das tecnologias de captura de carbono baseadas em nanomateriais para aplicações industriais. Questões como a estabilidade dos materiais em condições reais de funcionamento, a relação custo-eficácia em grande escala e a integração nos processos industriais existentes devem ser abordadas através de esforços contínuos de investigação e desenvolvimento.

Os nanomateriais representam uma fronteira promissora no avanço das tecnologias de captura de carbono devido à sua elevada eficiência, capacidade de afinação e potencial de utilização do CO_2. À medida que se intensificam os esforços globais para reduzir as emissões de gases com efeito de estufa e combater as alterações climáticas, o aproveitamento das propriedades únicas dos nanomateriais oferece um caminho para práticas industriais sustentáveis e um futuro mais verde.

Os nanomateriais desempenham um papel fundamental no avanço das tecnologias de captura de carbono graças às suas propriedades e aplicações únicas. Os adsorventes nanoestruturados, como as estruturas metal-orgânicas (MOF), os polímeros orgânicos porosos e as nanopartículas de sílica mesoporosa, são concebidos com áreas de superfície elevadas e estruturas de poros adaptadas. Estas características melhoram significativamente as suas capacidades e cinética de adsorção de CO_2. A funcionalização com grupos afins ao

CO2, como as aminas, aumenta ainda mais a quimisorção, tornando estes adsorventes altamente eficientes em condições variáveis de temperatura e pressão.

As membranas nanométricas representam outro domínio de aplicação fundamental. Materiais como o óxido de grafeno, os nanotubos de carbono e os nanocompósitos de polímeros são utilizados na captura de CO_2 com base em membranas devido às suas propriedades superiores de transporte de gás. Estas membranas oferecem uma elevada seletividade para o CO_2 em relação a outros gases, reduzindo o consumo de energia e os custos operacionais em comparação com os métodos de absorção tradicionais. A funcionalização com nanopartículas aumenta a estabilidade da membrana e a afinidade do CO_2, tornando-as eficazes na captura de CO_2 de emissões industriais e fluxos de gás natural.

Na utilização e armazenamento de CO_2, os catalisadores de nano-engenharia desempenham um papel crucial. Os catalisadores baseados em nanopartículas metálicas (por exemplo, paládio, platina) ou nanopartículas de óxidos metálicos (por exemplo, óxido de cério, óxido de zinco) apresentam áreas de superfície e actividades catalíticas melhoradas. A nanoestruturação melhora a dispersão do catalisador e a cinética da reação, aumentando a sua eficiência em processos como a hidrogenação do CO_2 para a produção de combustível ou a conversão do CO_2 em produtos químicos valiosos. Estes catalisadores são essenciais para facilitar estratégias sustentáveis de utilização do carbono, contribuindo para benefícios ambientais e económicos. Os nanomateriais nas tecnologias de captura de carbono são muito promissores devido à sua versatilidade, eficiência e capacidade de afinação. A investigação e o desenvolvimento contínuos em matéria de síntese, funcionalização e integração de nanomateriais em processos industriais são essenciais para a concretização de todo o seu potencial de atenuação das emissões de CO_2 e para o avanço em direção a um futuro sustentável.

Os nanomateriais desempenham um papel crucial em várias tecnologias de captura de carbono, abordando as emissões de centrais eléctricas, processos industriais e até extraindo o CO_2 diretamente do ar ambiente. Na captura pós-combustão, os nanomateriais são integrados em sistemas concebidos para remover o CO_2 dos gases de combustão emitidos por centrais eléctricas e instalações industriais. Os adsorventes nanoestruturados, como as estruturas metal-orgânicas (MOF), os polímeros orgânicos porosos e as nanopartículas de sílica mesoporosa, são utilizados em processos de adsorção. Estes adsorventes captam seletivamente o CO_2 de correntes de gás, funcionando eficazmente tanto a temperaturas ambientes como a temperaturas elevadas. Ao reduzir a energia necessária para a separação do CO_2, os nanomateriais permitem uma recuperação económica do CO_2 adequada para armazenamento ou utilização, contribuindo para a redução das emissões de carbono [67].

A captura pré-combustão utiliza catalisadores e adsorventes nanométricos para separar o CO_2 do gás de síntese produzido durante processos como a gaseificação de combustíveis fósseis ou a reforma a vapor. Os adsorventes nanométricos adsorvem seletivamente o CO_2 de fluxos de gás ricos em hidrogénio, facilitando a subsequente purificação e compressão. Entretanto, os catalisadores nanoestruturados aumentam a eficiência da conversão de gás de síntese e da captura de CO_2 , apoiando as centrais eléctricas de ciclo combinado de gaseificação integrada (IGCC) na produção de eletricidade com baixo teor de carbono.

As tecnologias de captura direta do ar (DAC) representam outra fronteira em que os nanomateriais são fundamentais. Neste caso, os adsorventes nanoestruturados com áreas de superfície elevadas e cinética rápida desempenham um papel crucial na extração de CO_2 diretamente da atmosfera. Estes materiais permitem uma captura eficiente de CO_2 mesmo em baixas concentrações, ultrapassando os desafios relacionados com a manipulação do ar e a escalabilidade do sistema. Os sistemas DAC que incorporam materiais de nanoengenharia oferecem vias potenciais para alcançar emissões negativas, sequestrando permanentemente o CO_2 capturado no subsolo ou convertendo-o em produtos valiosos, contribuindo assim para os objectivos climáticos globais. Os nanomateriais são muito promissores para o avanço das tecnologias de captura de carbono, oferecendo soluções eficientes e escaláveis para reduzir as emissões de CO_2 e combater as alterações climáticas. Ao tirar partido da nanotecnologia para melhorar sorventes, membranas e catalisadores, os investigadores e as indústrias estão a avançar para métodos rentáveis e sustentáveis de captura, utilização e armazenamento de CO_2 .

7.5 Soluções de iluminação energeticamente eficientes possibilitadas pela nanotecnologia

As soluções de iluminação energeticamente eficientes possibilitadas pela nanotecnologia representam um avanço significativo na procura de tecnologias de iluminação sustentáveis e respeitadoras do ambiente. Estas inovações aproveitam as propriedades únicas dos nanomateriais para aumentar a eficiência, a durabilidade e a versatilidade das aplicações de iluminação, oferecendo benefícios substanciais na conservação de energia e na redução do impacto ambiental.

Os nanomateriais, como os pontos quânticos, os nanofios e os nanofósforos, desempenham um papel crucial na revolução das tecnologias de iluminação. Os pontos quânticos, por exemplo, são nanopartículas semicondutoras que emitem luz de cores específicas quando excitadas por uma fonte de energia. Podem ser ajustados para emitir luz num amplo espetro, permitindo uma reprodução de cores de alta qualidade e eficiência energética em díodos emissores de luz (LED) e ecrãs. Os LED com pontos quânticos mostraram-se promissores na obtenção de uma melhor eficiência energética e precisão de cor em comparação com as fontes de iluminação tradicionais.

Os nanofios, por outro lado, possuem propriedades eléctricas e ópticas excepcionais devido à sua pequena dimensão e elevado rácio de aspeto. Estas características tornam-nos adequados para aplicações como películas condutoras transparentes e dispositivos de iluminação flexíveis. Os LEDs e OLEDs (díodos orgânicos emissores de luz) baseados em nanofios oferecem flexibilidade na conceção e uma maior eficiência, abrindo caminho a soluções de iluminação inovadoras na arquitetura, na iluminação automóvel e na eletrónica vestível.

Os nanofósforos são outro nanomaterial crítico na tecnologia de iluminação. Trata-se de partículas de dimensão nanométrica que convertem a luz ultravioleta ou azul dos LEDs em luz visível de diferentes cores. Os nanofósforos aumentam a eficiência e a qualidade da cor dos sistemas de iluminação LED, tornando-os mais adequados para aplicações de iluminação geral. Melhoram a emissão de luz e a longevidade, ao mesmo tempo que reduzem o consumo de energia, contribuindo para soluções de iluminação sustentáveis.

A integração da nanotecnologia na iluminação também se estende à melhoria do desempenho global e da longevidade dos sistemas de iluminação. Os nano-revestimentos e os materiais nanoestruturados aplicados aos LEDs podem melhorar a eficiência da extração de luz, reduzindo os reflexos e as perdas internas. Esta otimização não só melhora a eficiência energética como também prolonga a vida útil dos LEDs, reduzindo os custos de manutenção e a produção de resíduos.

Além disso, os nanomateriais permitem o desenvolvimento de sistemas de iluminação inteligentes que respondem dinamicamente às condições ambientais e às preferências dos utilizadores. A nanotecnologia facilita a miniaturização de sensores e mecanismos de controlo incorporados em dispositivos de iluminação, permitindo uma iluminação adaptável que ajusta a intensidade e a temperatura da cor com base na ocupação, nos níveis de luz do dia ou nos ritmos circadianos. Estas soluções inteligentes de iluminação não só optimizam a utilização de energia, como também aumentam o conforto e o bem-estar dos utilizadores em ambientes residenciais, comerciais e industriais.

Em termos de sustentabilidade ambiental, as soluções de iluminação nanométricas contribuem significativamente para a redução das emissões de carbono e do impacto ambiental. A eficiência energética melhorada dos LED e OLED nano-aprimorados reduz o consumo de eletricidade em comparação com as tecnologias de iluminação convencionais, como as lâmpadas incandescentes e as lâmpadas fluorescentes. Isto traduz-se em menos emissões de gases com efeito de estufa provenientes da produção de energia e numa menor procura de recursos naturais utilizados na produção de iluminação.

Os desafios à adoção generalizada da nanotecnologia na iluminação incluem considerações de custo, escalabilidade dos processos de fabrico e potenciais impactos ambientais dos próprios nanomateriais. A resposta a estes desafios exige esforços contínuos de investigação e desenvolvimento para otimizar as técnicas de produção, garantir a segurança dos materiais e reduzir os custos de fabrico, de modo a tornar a iluminação nanométrica acessível a um mercado mais vasto. A nanotecnologia revolucionou as soluções de iluminação energeticamente eficientes, melhorando o desempenho, a eficiência e a funcionalidade em várias aplicações. Desde LEDs com pontos quânticos a OLEDs flexíveis baseados em nanofios e sistemas de iluminação com nanofósforo, estas inovações representam um salto significativo para a obtenção de tecnologias de iluminação sustentáveis e ambientalmente responsáveis.

A nanotecnologia revolucionou a iluminação LED ao melhorar significativamente a eficiência, a durabilidade e a qualidade da cor, tornando os LEDs numa das soluções de iluminação mais eficientes e versáteis atualmente disponíveis. Os LEDs já convertem a energia eléctrica em luz de forma mais eficiente do que as fontes de iluminação tradicionais, mas os materiais nanoestruturados, como os pontos quânticos e os nanofios, elevam esta eficiência a um novo patamar. Os pontos quânticos, por exemplo, são nanocristais semicondutores com propriedades ópticas ajustáveis. São integrados nos LEDs como conversores descendentes ou fósforos, permitindo uma afinação precisa da cor e uma maior eficiência na emissão de luz. Ao converter a luz azul emitida pelos LEDs em cores específicas com uma perda mínima de energia, os pontos quânticos melhoram a eficácia luminosa global e o índice de restituição de cores (CRI).

As superfícies nanoestruturadas dos chips de LED também desempenham um papel crucial na melhoria da eficiência, reduzindo a reflexão interna e melhorando a eficiência da extração de luz. Estas nano-texturas ajudam a que mais luz saia da estrutura do LED, aumentando assim a quantidade de luz utilizável por unidade de entrada eléctrica. Esta melhoria na eficiência da extração de luz traduz-se diretamente em poupanças de energia e num melhor desempenho nas aplicações de iluminação LED.

A durabilidade é outra área em que a nanotecnologia tem um impacto significativo nos sistemas de iluminação LED. Os nano-revestimentos aplicados às lentes ou chips de LED aumentam a durabilidade, proporcionando resistência aos riscos, estabilidade aos raios UV e uma melhor gestão térmica. Estes revestimentos protegem os LED dos factores ambientais e do stress térmico, garantindo uma vida útil mais longa e uma emissão de luz consistente ao longo do tempo. Além disso, os substratos de nanoengenharia melhoram a dissipação de calor nos LEDs, minimizando a degradação térmica e aumentando ainda mais a sua durabilidade em condições de funcionamento variáveis.

A nanotecnologia também melhora a qualidade da cor e a capacidade de afinação da iluminação LED. Os pontos quânticos e os nanofósforos alargam a gama de cores dos LEDs, permitindo cores vibrantes e uma reprodução precisa dos brancos. Esta capacidade é particularmente importante em aplicações em que a fidelidade da cor é crítica, como em expositores de retalho, museus e ambientes de cuidados de saúde. Além disso, a nanotecnologia facilita a afinação dinâmica da cor em sistemas de iluminação inteligentes, permitindo aos utilizadores ajustar as condições de iluminação com base nas preferências, ritmos circadianos ou requisitos ambientais específicos.

As nanotecnologias permitiram avanços significativos na iluminação para além dos LED, em especial nos díodos orgânicos emissores de luz (OLED), na nanofotónica e na plasmónica, abrindo novas possibilidades de eficiência energética e de manipulação da luz.

Os OLED representam uma tecnologia de iluminação revolucionária possibilitada pela nanotecnologia. Estes dispositivos finos e flexíveis emitem luz através de semicondutores orgânicos que emitem luz quando são atravessados por uma corrente eléctrica. Os semicondutores orgânicos de nanoengenharia e os eléctrodos nanoestruturados dos OLED aumentam a eficiência do transporte de carga, promovem a emissão uniforme de luz e melhoram a estabilidade do dispositivo. Esta inovação faz com que os OLED ofereçam uma elevada eficiência energética, um baixo consumo de energia e uma reprodução de cores superior em comparação com as fontes de iluminação tradicionais. Os OLEDs encontram aplicações em ecrãs, iluminação automóvel e iluminação arquitetónica devido ao seu formato fino, flexibilidade e capacidade de produzir uma iluminação uniforme e de alta qualidade.

A nanofotónica e a plasmónica são domínios emergentes em que a nanotecnologia está a transformar a manipulação da luz à nanoescala. Os metamateriais nanoestruturados e as nanopartículas plasmónicas são utilizados para manipular a propagação da luz, obter um confinamento ótico subcomprimento de onda e controlar a direccionalidade da luz em dispositivos de iluminação. Estes avanços aumentam a eficiência da extração de luz de fontes como os LED e os OLED, conduzindo a fontes de luz mais eficientes e compactas com propriedades ópticas melhoradas.

Na nanofotónica, as nanoestruturas são concebidas para controlar a emissão e a propagação da luz a escalas mais pequenas do que o próprio comprimento de onda da luz. Esta capacidade permite o desenvolvimento de fontes de luz ultracompactas e sensores ópticos que são cruciais para várias aplicações em telecomunicações, deteção e fotónica integrada. Ao manipular a luz à nanoescala, a nanofotónica abre possibilidades para a criação de dispositivos de iluminação eficientes e de elevado desempenho que podem ser adaptados a aplicações e ambientes específicos.

A plasmónica, por outro lado, explora a interação entre a luz e as nanopartículas metálicas, conhecidas como plasmões, para conseguir interacções melhoradas entre a luz e a matéria. As nanopartículas plasmónicas podem concentrar a luz em volumes minúsculos, permitindo o aquecimento localizado, o aumento da fluorescência e uma melhor absorção da luz em dispositivos fotovoltaicos e díodos emissores de luz. Nas aplicações de iluminação, as nanoestruturas plasmónicas oferecem oportunidades para obter uma maior eficiência na extração da luz e uma maior pureza da cor, melhorando assim o desempenho global e a eficiência energética das tecnologias de iluminação. A nanotecnologia está a revolucionar as soluções de iluminação energeticamente eficientes, melhorando a eficiência, a durabilidade e a funcionalidade numa vasta gama de aplicações. Desde o aumento do desempenho dos LEDs até à criação de OLEDs flexíveis e ao avanço da nanofotónica, as tecnologias de iluminação nanométricas estão a impulsionar a inovação sustentável na indústria da iluminação [68].

8. Perspectivas e desafios futuros

A nanotecnologia é uma promessa imensa para o futuro da conversão de energia em vários sectores, oferecendo avanços revolucionários em termos de eficiência, sustentabilidade e funcionalidade. Uma das perspectivas futuras mais significativas reside no aumento da eficiência dos dispositivos de conversão de energia através da nanotecnologia. Os materiais nanoestruturados, como os pontos quânticos, os nanofios e as superfícies nanométricas, permitem uma conversão mais eficiente da luz solar em eletricidade nas células fotovoltaicas (PV). Estes materiais melhoram a absorção da luz, o transporte de portadores de carga e reduzem as perdas por recombinação, melhorando assim a eficiência global da conversão da energia solar. Do mesmo modo, os catalisadores nanoestruturados em células de combustível e electrolisadores melhoram a cinética e a seletividade da reação, aumentando a eficiência da conversão de energia química em energia eléctrica e vice-versa.

Outra perspetiva promissora é a integração de nanomateriais em tecnologias de armazenamento de energia, como as baterias e os supercapacitores. Os eléctrodos e electrólitos de engenharia nanométrica aumentam a densidade energética, a estabilidade dos ciclos e as taxas de carga/descarga das baterias, abrindo caminho a soluções de armazenamento de energia mais duradouras e de carregamento mais rápido. Nos supercondensadores, os materiais de carbono nanoestruturados aumentam a capacitância e a densidade de potência, permitindo um rápido armazenamento e libertação de energia para aplicações que vão desde os veículos eléctricos até ao armazenamento de energia à escala da rede.

Além disso, a nanotecnologia oferece oportunidades para estratégias sustentáveis de conversão de energia. Ao tirar partido dos nanomateriais em processos como a captura e utilização de carbono (CCU), os investigadores exploram formas eficientes de capturar e converter as emissões de CO_2 em produtos ou combustíveis valiosos. Os nanocatalisadores desempenham um papel crucial nestes processos, facilitando as transformações químicas em condições suaves, reduzindo o consumo de energia e o impacto ambiental em comparação com os métodos tradicionais.

No entanto, há que enfrentar vários desafios para concretizar plenamente o potencial da nanotecnologia na conversão de energia. Um dos principais desafios é a escalabilidade e a relação custo-eficácia. Embora os nanomateriais apresentem um desempenho excecional à escala laboratorial, o aumento da escala dos métodos de produção para satisfazer a procura industrial, mantendo a eficiência dos custos, continua a ser um obstáculo. Para colmatar esta lacuna, é essencial o desenvolvimento de técnicas de fabrico escaláveis e de processos de síntese rentáveis.

Outro desafio é a integração dos nanomateriais nas infra-estruturas e tecnologias energéticas existentes. As questões de compatibilidade, durabilidade e fiabilidade em condições reais de funcionamento devem ser cuidadosamente consideradas. Garantir a estabilidade e o desempenho dos dispositivos nanométricos durante o seu tempo de vida operacional é crucial para a sua adoção generalizada em aplicações de conversão de energia.

Os impactos dos nanomateriais no ambiente e na saúde também colocam desafios. A compreensão e a atenuação dos riscos potenciais associados à exposição a materiais à escala nanométrica durante o fabrico, a utilização e a eliminação são fundamentais para uma implantação sustentável. São necessários quadros e normas regulamentares sólidos para garantir a aplicação segura e responsável da nanotecnologia na conversão de energia. Além disso, a colaboração interdisciplinar e a investigação contínua são vitais para o avanço da nanotecnologia na conversão de energia. A integração de conhecimentos especializados da ciência dos materiais, da química, da física, da engenharia e das ciências do ambiente impulsionará a inovação e responderá aos desafios complexos que se colocam neste domínio.

8.1 Aumentar a escala das tecnologias de conversão de energia baseadas em nanotecnologias

O aumento da escala das tecnologias de conversão de energia com base em nanotecnologias, desde os protótipos à escala laboratorial até às aplicações comerciais, apresenta vários desafios e considerações que têm de ser abordados para concretizar todo o seu potencial para satisfazer a procura global de energia de forma eficiente e sustentável.

Em primeiro lugar, um dos principais desafios no aumento da escala das tecnologias de conversão de energia baseadas em nanomateriais é conseguir um desempenho consistente e reprodutível a escalas maiores. Os nanomateriais apresentam frequentemente propriedades excepcionais à escala nanométrica, como uma elevada área de superfície, uma maior atividade catalítica e uma absorção eficiente da luz, que contribuem para melhorar a eficiência da conversão de energia em dispositivos como as células solares, as baterias e as células de combustível. No entanto, a tradução destas propriedades em desempenho fiável em escalas maiores requer processos de fabrico robustos e medidas de controlo de qualidade para garantir a uniformidade e a consistência dos dispositivos produzidos em massa. Muitos nanomateriais utilizados em tecnologias de conversão de energia, como os pontos quânticos para células solares ou eléctrodos nanoestruturados para baterias, exigem técnicas de síntese precisas que podem ser dispendiosas ou complexas à escala laboratorial. O desenvolvimento de processos de fabrico escaláveis que possam produzir nanomateriais de forma rentável e em grandes quantidades é essencial para tornar estas tecnologias comercialmente viáveis.

A integração nas infra-estruturas e tecnologias energéticas existentes constitui outro desafio. Os dispositivos nanométricos têm de ser compatíveis com os sistemas e normas existentes para garantir uma integração e interoperabilidade perfeitas. Isto inclui considerações como a durabilidade do dispositivo, a fiabilidade em condições de funcionamento variáveis e a compatibilidade com outros componentes da cadeia de conversão de energia. A resposta a estes desafios de integração exige uma colaboração interdisciplinar entre cientistas de materiais, engenheiros e partes interessadas da indústria para desenvolver soluções que satisfaçam os requisitos de desempenho, facilitando simultaneamente a sua adoção e implantação.

Além disso, a expansão das tecnologias de conversão de energia baseadas em nanomateriais exige que sejam abordadas as questões ambientais e de saúde associadas aos nanomateriais. Embora os nanomateriais ofereçam vantagens significativas na melhoria da eficiência e do desempenho, os seus potenciais impactos no ambiente e na saúde humana devem ser cuidadosamente avaliados e atenuados. O desenvolvimento de práticas sustentáveis para a síntese, utilização e eliminação de nanomateriais é crucial para minimizar as pegadas ambientais e garantir a implantação segura destas tecnologias em grande escala.

Os quadros e normas regulamentares também desempenham um papel fundamental na expansão das tecnologias de conversão de energia baseadas em nanotecnologias. O estabelecimento de orientações para a segurança dos nanomateriais, os ensaios de desempenho e a garantia de qualidade é essencial para criar confiança entre investidores, fabricantes e utilizadores finais. A existência de vias regulamentares claras facilita a aceitação pelo mercado e permite a adoção generalizada de tecnologias nanométricas em aplicações energéticas.

Além disso, a educação e a sensibilização do público são vitais para promover a compreensão e a aceitação das tecnologias de conversão de energia baseadas em nanomateriais. O envolvimento das partes interessadas, incluindo os decisores políticos, os líderes da indústria e o público em geral, em debates sobre os benefícios, desafios e riscos potenciais associados aos nanomateriais promove a tomada de decisões informadas e o apoio a iniciativas de investigação e desenvolvimento.

Para enfrentar estes desafios, são cruciais os esforços de colaboração entre o meio académico, a indústria, as agências governamentais e as instituições de investigação. O estabelecimento de parcerias que potenciem competências e recursos diversificados acelera a inovação, impulsiona os avanços tecnológicos e facilita a transição das tecnologias de conversão de energia nano-habilitadas do laboratório para o mercado.

O aumento da escala das tecnologias de conversão de energia baseadas em nanotecnologias exige a superação de desafios técnicos, económicos, regulamentares e sociais. Ao enfrentar estes desafios através da investigação em colaboração, da inovação nos processos de fabrico, da adesão a normas rigorosas e de práticas de implantação responsáveis, a nanotecnologia pode desempenhar um papel fundamental na obtenção de soluções energéticas sustentáveis que satisfaçam a procura global de energia de forma eficiente e responsável.

8.2 Colaborações interdisciplinares e inovação tecnológica

As colaborações interdisciplinares são fundamentais para impulsionar a inovação tecnológica no domínio das nanotecnologias para a conversão de energia, tirando partido de diversas competências para ultrapassar desafios complexos e acelerar o desenvolvimento de soluções energéticas sustentáveis.

A nanotecnologia oferece oportunidades únicas para melhorar os processos de conversão de energia através do controlo preciso dos materiais à nanoescala. Esta capacidade abrange várias aplicações, incluindo a recolha de energia solar, o armazenamento de energia em baterias e supercondensadores e processos catalíticos para a produção de combustível ou a captura de carbono. Cada uma destas áreas beneficia de colaborações interdisciplinares que integram conhecimentos de ciência dos materiais, química, física, engenharia e ciências ambientais.

Os cientistas de materiais desempenham um papel crucial no desenvolvimento de nanomateriais com propriedades adaptadas que optimizam a eficiência da conversão de energia. Por exemplo, os materiais nanoestruturados, como os pontos quânticos, os nanofios e os eléctrodos de nanoengenharia, apresentam propriedades ópticas, eléctricas e electroquímicas melhoradas que melhoram o desempenho das células solares, baterias e células de combustível. As colaborações com físicos ajudam a compreender e a modelar as interacções luz-matéria à nanoescala, orientando a conceção de dispositivos fotovoltaicos ou díodos emissores de luz (LED) mais eficientes.

Os químicos contribuem com a sua experiência na síntese de nanomateriais com um controlo preciso da composição, estrutura e propriedades de superfície. Esta capacidade é essencial para o desenvolvimento de catalisadores que melhoram as reacções químicas envolvidas nos processos de conversão de energia, como a produção de hidrogénio a partir da separação da água ou a conversão de CO_2 em combustíveis. As equipas interdisciplinares exploram frequentemente novos métodos de síntese, como a química em fase de solução ou a deposição de camadas atómicas, para produzir nanomateriais à escala, mantendo o desempenho e a relação custo-eficácia.

Os engenheiros desempenham um papel fundamental na transposição das inovações em nanomateriais do laboratório para aplicações práticas. Concentram-se na otimização das arquitecturas dos dispositivos, no aumento da escala dos processos de fabrico e na integração de componentes nanométricos nas infra-estruturas energéticas existentes. Por exemplo, equipas interdisciplinares colaboram para desenvolver eléctrodos eficientes e duradouros para baterias da próxima geração ou para conceber revestimentos à escala nanométrica que melhorem a durabilidade e o desempenho dos painéis solares em diversas condições ambientais.

Os cientistas ambientais e os peritos em sustentabilidade contribuem com conhecimentos cruciais sobre os impactos do ciclo de vida das tecnologias de conversão de energia baseadas em nanotecnologias. Avaliam os potenciais riscos para o ambiente e a saúde associados aos nanomateriais, desenvolvem práticas sustentáveis para a sua produção e eliminação e avaliam a pegada ambiental global dos sistemas energéticos baseados em nanotecnologias. Esta abordagem interdisciplinar garante que as inovações tecnológicas não só aumentam a eficiência energética, como também contribuem para a gestão ambiental e o bem-estar da sociedade.

Além disso, as colaborações interdisciplinares promovem a inovação ao facilitarem o intercâmbio de ideias, conhecimentos e metodologias entre diferentes domínios. As iniciativas de investigação em colaboração conduzem frequentemente a descobertas que seriam difíceis de alcançar apenas no âmbito de disciplinas individuais. Por exemplo, os avanços na nanofotónica e na plasmónica, em que as estruturas à escala nanométrica manipulam a luz para melhorar a conversão de energia, beneficiam de conhecimentos provenientes da física, da ciência dos materiais e da engenharia.

Continuam a existir desafios na promoção de colaborações interdisciplinares eficazes, incluindo o alinhamento das prioridades de investigação, a coordenação de esforços entre equipas diversas e a garantia de uma comunicação e partilha de conhecimentos eficazes. As instituições e as agências de financiamento desempenham um papel fundamental no apoio a iniciativas de investigação interdisciplinar através de programas específicos, subvenções e infra-estruturas que facilitam a colaboração e a inovação. As colaborações interdisciplinares são indispensáveis para fazer avançar a nanotecnologia na conversão de energia, impulsionar a inovação tecnológica e enfrentar os desafios energéticos globais. Tirando partido de conhecimentos especializados diversos e promovendo parcerias sinérgicas, as equipas interdisciplinares estão preparadas para abrir novas oportunidades para soluções energéticas sustentáveis que aproveitem todo o potencial dos nanomateriais e avancem para um futuro energético mais limpo e mais resistente [69]-[71].

9. Conclusão

A nanotecnologia representa uma força transformadora no domínio da conversão de energia, oferecendo oportunidades sem precedentes para melhorar a eficiência, a sustentabilidade e a funcionalidade em várias aplicações energéticas. À medida que nos esforçamos por satisfazer a procura global de energia, mitigando simultaneamente os impactos ambientais, a nanotecnologia é promissora para revolucionar as tecnologias energéticas existentes e permitir o desenvolvimento de soluções inovadoras para um futuro mais limpo e mais sustentável.

Um dos aspectos mais interessantes da nanotecnologia na conversão de energia é a sua capacidade de otimizar a eficiência energética. Os nanomateriais, como os pontos quânticos, os nanofios e os catalisadores de nanoengenharia, apresentam propriedades únicas à nanoescala que melhoram os processos de conversão de energia. Por exemplo, nos dispositivos fotovoltaicos, os materiais nanoestruturados melhoram a absorção da luz e a eficiência do transporte de cargas, conduzindo a maiores eficiências de conversão da energia solar nas células solares. Do mesmo modo, os eléctrodos de nanoengenharia em baterias e supercondensadores aumentam a capacidade de armazenamento de energia e a estabilidade dos ciclos, contribuindo para soluções de armazenamento de energia mais duradouras e mais eficientes.

Além disso, a nanotecnologia facilita os avanços nas estratégias de conversão de energia sustentável. Ao tirar partido dos nanomateriais em processos como a captura e utilização de carbono (CCU) ou a eletrólise para a produção de hidrogénio, os investigadores exploram formas eficientes de mitigar as emissões de carbono e utilizar eficazmente os recursos renováveis. Os nanocatalisadores desempenham um papel crucial na melhoria da cinética e da seletividade das reacções, permitindo uma conversão mais eficiente e económica de fontes de energia renováveis em combustíveis ou produtos químicos de valor acrescentado.

A nanotecnologia também permite melhorar a durabilidade e a fiabilidade dos dispositivos. Os nano-revestimentos, as superfícies nanoestruturadas e a conceção de materiais avançados contribuem para uma melhor gestão térmica, robustez mecânica e resistência a factores ambientais nos dispositivos de conversão de energia. Estes avanços não só prolongam o tempo de vida operacional das tecnologias energéticas, como também reduzem os custos de manutenção e aumentam a fiabilidade global do sistema.

Além disso, as colaborações interdisciplinares desempenham um papel fundamental na promoção da inovação e na aceleração da adoção de tecnologias de conversão de energia baseadas em nanotecnologias. A colaboração entre cientistas de materiais, químicos, físicos, engenheiros e cientistas do ambiente promove abordagens sinérgicas para enfrentar desafios complexos e explorar novas fronteiras na investigação energética. Ao integrar diversos conhecimentos e perspectivas, as equipas interdisciplinares desenvolvem soluções holísticas que têm em conta a exequibilidade tecnológica, a viabilidade económica, a sustentabilidade ambiental e o impacto social.

Apesar do enorme potencial da nanotecnologia na conversão de energia, há que enfrentar vários desafios para facilitar a sua adoção e comercialização generalizadas. O aumento da produção de nanomateriais, mantendo a relação custo-eficácia e a consistência do desempenho, continua a ser um obstáculo significativo. O desenvolvimento de processos de fabrico moduláveis e a otimização das técnicas de síntese de materiais são essenciais para satisfazer a procura à escala industrial de tecnologias energéticas nano-ativadas.

Além disso, a abordagem das implicações ambientais e sanitárias associadas aos nanomateriais é crucial para garantir uma implantação sustentável. São necessários quadros regulamentares sólidos, avaliações de risco exaustivas e práticas de gestão responsáveis para atenuar os riscos potenciais e criar confiança do público nas soluções energéticas baseadas em nanomateriais.

Em conclusão, a nanotecnologia é promissora como catalisador para o avanço das tecnologias de conversão de energia no sentido de uma maior eficiência, sustentabilidade e resiliência. Se continuarmos a inovar, a colaborar entre disciplinas e a enfrentar os desafios de forma eficaz, podemos aproveitar todo o potencial dos nanomateriais para acelerar a transição para um futuro energético mais limpo e mais sustentável. Através de esforços concertados em matéria de investigação, desenvolvimento e implementação, a nanotecnologia está preparada para desempenhar um papel fulcral na resposta aos desafios energéticos globais e na configuração de um mundo mais próspero e ambientalmente responsável.

Referências

[1]. Rani, G. M., Pathania, D., Umapathi, R., Rustagi, S., Huh, Y. S., Gupta, V. K., ... & Chaudhary, V. (2023). Agro-resíduos para energia sustentável: Uma estratégia verde de conversão de resíduos agrícolas em aplicações de energia nano-habilitadas. *Science of The Total Environment*, *875*, 162667.

[2]. Yadav, A., Kumar, H., Sharma, R., & Kumari, R. (2023). Síntese, processamento e aplicações de materiais 2D (nano): Uma abordagem sustentável. *Surfaces and Interfaces*, *39*, 102925.

[3]. Li, F., Li, Y., Novoselov, K. S., Liang, F., Meng, J., Ho, S. H., ... & Zhang, X. (2023). Atualização de biorrecursos para energia sustentável, meio ambiente e biomedicina. *Nano-Micro Letters*, *15*(1), 35.

[4]. Rajeshkumar, L., Ramesh, M., Bhuvaneswari, V., & Balaji, D. (2023). Nano-materiais de carbono (CNMs) derivados de biomassa para aplicações de armazenamento de energia: uma revisão. *Carbon Letters*, *33*(3), 661-690.

[5]. Mishra, K., Devi, N., Siwal, S. S., Gupta, V. K., & Thakur, V. K. (2023). Nanomateriais fotocatalisadores semicondutores híbridos para aplicações energéticas e ambientais: fundamentos, conceção e perspectivas. *Sistemas Avançados Sustentáveis*, *7*(8), 2300095.

[6]. Gupta, D., Boora, A., Thakur, A., & Gupta, T. K. (2023). Síntese verde e sustentável de nanomateriais: avanços e limitações recentes. *Investigação Ambiental*, *231*, 116316.

[7]. Pathak, S. K., Tyagi, V. V., Chopra, K., Rejikumar, R., & Pandey, A. K. (2023). Integração de PCMs emergentes e PCMs nano-

aprimorados com diferentes sistemas de aquecimento solar de água para o futuro da energia sustentável: Uma revisão sistemática. *Solar Energy Materials and Solar Cells*, *254*, 112237.

[8]. Munir, M., Saeed, M., Ahmad, M., Waseem, A., Alsaady, M., Asif, S., ... & Show, P. L. (2023). Produção mais limpa de biodiesel a partir de um novo óleo de semente não comestível (Carthamus lanatus L.) através de um compósito nano CoWO3@ rGO verde altamente reativo e reciclável no contexto da adaptação à energia verde. *Fuel*, *332*, 126265.

[9]. Gupta, S., Fernandes, R., Patel, R., Spreitzer, M., & Patel, N. (2023). Uma revisão dos catalisadores à base de cobalto para energia sustentável e aplicações ambientais. *Applied Catalysis A: General*, *661*, 119254.

[10]. Qian, Y., Zhang, F., Zhao, S., Bian, C., Mao, H., Kang, D. J., & Pang, H. (2023). Progresso recente de compósitos derivados de estrutura metal-orgânica: Síntese e suas aplicações de conversão de energia. *Nano Energy*, *111*, 108415.

[11]. Salem, S. S. (2023). Uma mini revisão sobre nanotecnologia verde e seu desenvolvimento em efeitos biológicos. *Arquivos de Microbiologia*, *205*(4), 128.

[12]. Saleh, H. M., & Hassan, A. I. (2023). Síntese e caraterização de nanomateriais para aplicação em dispositivos eletroquímicos econômicos. *Sustentabilidade*, *15*(14), 10891.

[13]. Rahmani, H., Shetty, D., Wagih, M., Ghasempour, Y., Palazzi, V., Carvalho, N. B., ... & Grosinger, J. (2023). Dispositivos IoT de próxima geração: Fabrico sustentável e amigo do ambiente, recolha

de energia e conetividade sem fios. *IEEE Journal of Microwaves*, *3*(1), 237-255.

[14]. Abbasi, T. U., Ahmad, M., Asma, M., Munir, M., Zafar, M., Katubi, K. M., ... & Bokhari, A. (2023). Conversão altamente eficiente de Cannabis sativa L. biomassa em bioenergia usando nano-catalisador de óxido de tungstênio verde para neutralidade de carbono. *Fuel*, *336*, 126796.

[15]. Hayat, A., Sohail, M., El Jery, A., Al-Zaydi, K. M., Raza, S., Ali, H., ... & Ansari, M. Z. (2023). Avanços recentes, propriedades, fabrico e oportunidades em materiais bidimensionais para as suas potenciais aplicações sustentáveis. *Materiais de armazenamento de energia*, *59*, 102780.

[16]. Youns, Y. T., Manshad, A. K., & Ali, J. A. (2023). Aspectos sustentáveis subjacentes à aplicação da nanotecnologia no sequestro de CO2. *Fuel*, *349*, 128680.

[17]. Zhang, Q., Jia, Y., Wu, W., Pei, C., Zhu, G., Wu, Z., ... & Wu, Z. (2023). Revisão sobre estratégias para piezocatálise eficiente de nanomateriais BaTiO3 para tratamento de águas residuais por meio da coleta de energia de vibração. *Nano Energy*, *113*, 108507.

[18]. Rabiee, N., Sharma, R., Foorginezhad, S., Jouyandeh, M., Asadnia, M., Rabiee, M., ... & Saeb, M. R. (2023). Membranas verdes e sustentáveis: uma revisão. *Investigação Ambiental*, *231*, 116133.

[19]. Rani, G. M., Wu, C. M., Motora, K. G., Umapathi, R., & Jose, C. R. M. (2023). Conversão acústico-elétrica e propriedades triboelétricas de nanogerador triboelétrico baseado em CF-CNT

impulsionado pela natureza para coleta de energia mecânica e sonora. *Nano Energy, 108*, 108211.

[20]. Haleem, A., Pan, J. M., Shah, A., Hussain, H., & He, W. D. (2023). Uma revisão sistemática sobre novos avanços e avaliação de criogéis poliméricos emergentes para sustentabilidade ambiental e produção de energia. *Tecnologia de Separação e Purificação, 316*, 123678.

[21]. Boopathi, S., & Davim, J. P. (Eds.). (2023). *Utilização Sustentável de Nanopartículas e Nanofluidos em Aplicações de Engenharia.* IGI Global.

[22]. Jeyakumar, N., Balasubramanian, D., Sankaranarayanan, M., Karuppasamy, K., Wae-Hayee, M., Tran, V. D., & Hoang, A. T. (2023). Usando biodiesel derivado de sementes de Pithecellobium Dulce combinado com nanopartículas de casca de amendoim para motores a diesel como uma abordagem bem aconselhada para a gestão sustentável de resíduos em energia. *Fuel, 337*, 127164.

[23]. Choudhary, G., Dhariwal, J., Saha, M., Trivedi, S., Banjare, M. K., Kanaoujiya, R., & Behera, K. (2024). Líquidos iónicos: materiais ambientalmente sustentáveis para aplicações de conversão e armazenamento de energia. *Environmental Science and Pollution Research, 31*(7), 10296-10316.

[24]. Kumar, R., Lee, D., Ağbulut, Ü., Kumar, S., Thapa, S., Thakur, A., ... & Shaik, S. (2024). Diferentes técnicas de armazenamento de energia: avanços recentes, aplicações, limitações e utilização eficiente de energia sustentável. *Jornal de Análise Térmica e Calorimetria, 149*(5), 1895-1933.

[25]. Jayaprabakar, J., Hari, N. S. S., Badreenath, M., Anish, M., Joy, N., Prabhu, A., ... & Kumar, J. A. (2024). Nano materiais para a produção de hidrogénio verde: Informações técnicas sobre a seleção de nano materiais, propriedades, rotas de produção e aplicações comerciais. *International Journal of Hydrogen Energy, 52*, 674-686.

[26]. Ye, H., Shi, J., Wu, Y., Yuan, Y., Gan, L., Wu, Y., ... & Xia, C. (2024). Progresso da investigação de nano-catalisadores na conversão catalítica de biomassa em biocombustíveis: Síntese e aplicação. *Fuel, 356*, 129594.

[27]. Kumar, A., Jayeoye, T. J., Mohite, P., Singh, S., Rajput, T., Munde, S., ... & Parihar, A. (2024). Materiais baseados em nanotecnologia sustentáveis e centrados no consumidor: Uma atualização sobre as aplicações multifacetadas, os riscos e as enormes oportunidades. *Nano-Structures & Nano-Objects, 38*, 101148.

[28]. Simpa, P., Solomon, N. O., Adenekan, O. A., & Obasi, S. C. (2024). Nanotechnology's potential in advancing renewable energy solutions (O potencial da nanotecnologia no avanço das soluções de energia renovável). *Engineering Science & Technology Journal, 5*(5), 1695-1710.

[29]. Kulkarni, M. B., & Ayachit, N. H. (2024). Dispositivos de conversão e armazenamento de energia. Em *Green Nanomaterials in Energy Conversion and Storage Applications* (pp. 75-93). Apple Academic Press.

[30]. Osman, A. I., Zhang, Y., Farghali, M., Rashwan, A. K., Eltaweil, A. S., Abd El-Monaem, E. M., ... & Yap, P. S. (2024). Síntese de

nanopartículas verdes para aplicações energéticas, biomédicas, ambientais, agrícolas e alimentares: A review. *Environmental Chemistry Letters*, *22*(2), 841-887.

[31]. Chavan, V. D., Aziz, J., Kim, H., Patil, S. R., Ustad, R. E., Sheikh, Z. A., ... & Kim, D. K. (2024). Transformação do ferro enferrujado num produto sustentável para aplicações nos domínios da eletrónica, da energia, da biomedicina e do ambiente: Towards a multitasking approach. *Nano Today*, *54*, 102085.

[32]. Karri, R. R., Solangi, N. H., Mubarak, N. M., Jatoi, A. S., Lingamdinne, L. P., Koduru, J. R., ... & Khan, N. A. (2024). Nanotubos de carbono para aplicações sustentáveis de energia renovável. Em *Water treatment using engineered carbon nanotubes* (pp. 433-456). Elsevier.

[33]. Farid, M. U., Kharraz, J. A., Sun, J., Boey, M. W., Riaz, M. A., Wong, P. W., ... & An, A. K. (2024). Avanços na destilação por membrana com nanoenergia para um nexo sustentável entre água, energia e meio ambiente. *Materiais Avançados*, *36*(17), 2307950.

[34]. Panahi, H. K. S., Hosseinzadeh-Bandbafha, H., Dehhaghi, M., Orooji, Y., Mahian, O., Shahbeik, H., ... & Tabatabaei, M. (2024). Aplicações de nanotecnologia no processamento e produção de biodiesel: Uma revisão abrangente. *Renewable and Sustainable Energy Reviews*, *192*, 114219.

[35]. Karthikeyan, B., & Velvizhi, G. (2024). Um estado da arte sobre a aplicação da nanotecnologia para uma melhor produção de biohidrogénio. *International Journal of Hydrogen Energy*, *52*, 536-554.

[36]. Khosravi, A., Zarepour, A., Iravani, S., Varma, R. S., & Zarrabi, A. (2024). Síntese sustentável: processos naturais que moldam a economia nanocircular. *Environmental Science: Nano*, *11*(3), 688-707.

[37]. Morshedy, A. S., El-Fawal, E. M., Zaki, T., El-Zahhar, A. A., Alghamdi, M. M., & El Naggar, A. M. (2024). Uma revisão sobre materiais fotocatalíticos heterogéneos: mecanismo, perspectivas e aplicações de sustentabilidade ambiental e energética. *Inorganic Chemistry Communications*, 112307.

[38]. Tripathy, D. B., & Gupta, A. (2024). Nanocompósitos como materiais inteligentes sustentáveis: A review. *Journal of Reinforced Plastics and Composites*, 07316844241233162.

[39]. Mohtaram, S., Mohtaram, M. S., Sabbaghi, S., You, X., Wu, W., & Golsanami, N. (2024). Estratégias de aprimoramento na conversão de CO2 e gerenciamento de fotocatalisador suportado por biochar para geração efetiva de energia solar renovável e sustentável. *Conversão e Gestão de Energia*, 117987.

[40]. Poonia, K., Singh, P., Ahamad, T., Van Le, Q., Quang, H. H. P., Thakur, S., ... & Raizada, P. (2024). Perspectivas de sustentabilidade, desempenho e produção de nanomateriais de carbono funcionais derivados de resíduos para um ambiente sustentável: A review. *Chemosphere*, 141419.

[41]. Luque, R., Ahmad, A., Tariq, S., Mubashir, M., Javed, M. S., Rajendran, S., ... & Xia, C. (2024). Materiais porosos interconectados funcionalizados para catálise heterogênea,

conversão de energia e aplicações de armazenamento: Avanços recentes e perspectivas futuras. *Materials Today*, *73*, 105-129.

[42]. Kansotia, K., Naresh, R., Sharma, Y., Sekhar, M., Sachan, P., Baral, K., & Pandey, S. K. (2024). Nanotechnology-driven Solutions: Transformando a agricultura para um futuro sustentável e produtivo. *Journal of Scientific Research and Reports*, *30*(3), 32-51.

[43]. Sikiru, S., Oladosu, T. L., Amosa, T. I., Olutoki, J. O., Ansari, M. N. M., Abioye, K. J., ... & Soleimani, H. (2024). Horizontes movidos a hidrogénio: Tecnologias transformadoras na produção, distribuição e armazenamento de energia limpa para a inovação sustentável. *Jornal Internacional de Energia do Hidrogénio*, *56*, 1152-1182.

[44]. Sheikholeslami, M., Khalili, Z., Scardi, P., & Ataollahi, N. (2024). Avaliação ambiental e energética do sistema fotovoltaico-térmico combinado com um refletor suportado por um filtro de nanofluidos e um gerador termoelétrico sustentável. *Journal of Cleaner Production*, *438*, 140659.

[45]. Belkhode, P., Giripunje, M., Dhande, M., Gajbhiye, T., Waghmare, S., Tupkar, R., & Gondane, R. (2024). Nanomaterials applications in solar energy: Exploring future prospects and challenges. *Materials Today: Proceedings*.

[46]. Feng, Y., Hao, H., Lu, H., Chow, C. L., & Lau, D. (2024). Explorando o desenvolvimento e as aplicações de compósitos de fibras naturais sustentáveis: Uma revisão de uma perspetiva em nanoescala. *Composites Part B: Engineering*, 111369.

[47]. Wang, S., Wang, Z., Wang, Z., Lü, W., Guo, Y., Chen, H., ... & Lü, Z. (2024). Engenharia esculpida fácil e verde de metais porosos hierárquicos 3D via oxidação-redução gasosa e seu uso em reações eficientes de evolução de oxigênio. *Nano Energy, 120*, 109161.

[48]. Ding, J., Song, Q., Xia, L., Ruan, L., Zhang, M., Ban, C., ... & Zhou, X. (2024). Fragmentação de grãos não convencional cria limites de alta densidade para eletroconversão eficiente de CO2 para C2 + na densidade de corrente de nível Ampere. *Nano Energy*, 109945.

[49]. Saeed, M., Shahzad, U., Marwani, H. M., Asiri, A. M., ur Rehman, S., Althomali, R. H., & Rahman, M. M. (2024). Avanços recentes em aplicações de energia de hidrogênio de divisão de água eletroquímica sustentável com base em substratos de óxido de metal de transição em nanoescala (TMO). *Chemistry-An Asian Journal*, e202301107.

[50]. Feng, L., Cao, X., Wang, Z. L., & Zhang, L. (2024). Um filme transparente e degradável à base de celulose bacteriana para nanogerador triboelétrico: Recolha eficiente de energia biomecânica e monitorização da saúde humana. *Nano Energy, 120*, 109068.

[51]. Lee, S. H., Kim, J. Y., Kim, J., Yun, J., Youm, J., Kwon, Y., ... & Jeong, D. W. (2024). Geradores de energia eléctrica rentáveis induzidos pela humidade para uma dessalinização sustentável por eletrodiálise. *Nano Energy, 126*, 109683.

[52]. Hossain, M. T., Shahid, M. A., Limon, M. G. M., Hossain, I., & Mahmud, N. (2024). Técnicas, aplicações e desafios em têxteis para

um futuro sustentável. *Jornal de Inovação Aberta: Technology, Market, and Complexity*, 100230.

[53]. Hossain, M. T., Shahid, M. A., Limon, M. G. M., Hossain, I., & Mahmud, N. (2024). Técnicas, aplicações e desafios em têxteis para um futuro sustentável. *Jornal de Inovação Aberta: Technology, Market, and Complexity*, 100230.

[54]. So, S., Yun, J., Ko, B., Lee, D., Kim, M., Noh, J., ... & Rho, J. (2024). Resfriamento radiativo para sustentabilidade energética: dos fundamentos aos métodos de fabricação para comercialização. *Ciência Avançada*, *11*(2), 2305067.

[55]. Yan, F., Qian, J., Wang, S., & Zhai, J. (2024). Progresso e perspectivas em cerâmicas sem chumbo para aplicações de armazenamento de energia. *Nano Energy*, 109394.

[56]. Sunaina, H. K. C., & Gupta, S. (2020). Otimização e simulação de sistema híbrido baseado em PV solar usando o software Homer. *Int. J. Adv. Sci. Technol*, *29*, 715-728.

[57]. Zhu, S., Liu, Y., Du, G., Shao, Y., Wei, Z., Wang, J., ... & Nie, S. (2024). Personalizando materiais triboelétricos celulósicos resistentes à temperatura para coleta de energia e aplicações emergentes. *Nano Energy*, 109449.

[58]. Khedulkar, A. P., Thamilselvan, A., Doong, R. A., & Pandit, B. (2024). Supercapacitores sustentáveis de alta energia: Compósitos de biochar de óxido metálico e resíduos agrícolas que abrem caminho para um futuro mais verde. *Journal of Energy Storage*, *77*, 109723.

[59]. Zhang, X., Chen, H. S., & Yang, P. (2024). Heteroestruturas em camadas W18O49 / cristalino g-C3N4 com coleta total de energia solar para geração eficiente de H2O2 e conversão de NO. *Nano Energy, 120*, 109160.

[60]. Liu, M., Sun, Y., Shao, K., Li, N., Li, J., Murto, P., ... & Xu, X. (2024). Geração sinérgica de água-eletricidade alimentada por energia solar: Um sistema flutuante integrado na água. *Nano Energy, 119*, 109074.

[61]. Huang, M. Z., Parashar, P., Chen, A. R., Shi, S. C., Tseng, Y. H., Lim, K. C., ... & Lin, Z. H. (2024). Camada triboelétrica composta biomimética robusta estimulada em escala de cobra para coleta de energia e monitoramento inteligente da saúde. *Nano Energy, 122*, 109266.

[62]. Azizi, Z. L., & Daneshjou, S. (2024). Nano-fábricas bacterianas como ferramenta para a biossíntese de nanopartículas de TiO2: Caracterização e potencial aplicação no tratamento de águas residuais. *Bioquímica Aplicada e Biotecnologia*, 1-25.

[63]. Gautam, R., & Channi, H. K. (2023). Consumo de energia por postes de luz LED solares em aplicação doméstica. Em *Otimização, Planejamento e Controle de Energia Renovável: Anais do ICRTE 2022* (pp. 213-221). Singapura: Springer Nature Singapore.

[64]. Zhang, S., Bhatta, T., Rana, S. S., Shrestha, K., Pradhan, G. B., Sharma, S., ... & Park, J. Y. (2024). Nanogerador híbrido sem ruído baseado em WPU flexível e compósito de siloxeno para eletrónica portátil e vestível auto-alimentada. *Nano Energy, 120*, 109179.

[65]. Aftab, S., Li, X., Kabir, F., Akman, E., Aslam, M., Pallavolu, M. R., ... & Rajpar, A. H. (2024). Iluminando o futuro: Nanobastões de perovskita e seus avanços em todas as aplicações. *Nano Energy*, 109504.

[66]. Le, T. H., Bui, V. T., Nguyen, C. C., Dinh, M. T. N., Chau, N. M., & Bui, V. T. (2024). Estratégia antagônica para nanogeradores triboelétricos baseados em poliimida de desempenho aprimorado e sensores sem fio autoalimentados em ambientes extremamente agressivos. *Nano Energy*, 109963.

[67]. Deng, J., Wu, Z., Huo, X., Chen, Y., Qian, H., Tang, T., ... & Wang, Y. (2024). Telhas cerâmicas inteligentes à base de triboeléctrica. *Nano Energy*, *128*, 109928.

[68]. Qiu, R., Ma, D., Zheng, H., Liu, M., Cai, J., Yan, W., & Zhang, J. (2024). Mecanismos de degradação do desempenho e estratégias de mitigação de ânodo de carbono duro e interface de eletrólito sólido para bateria de iões de sódio. *Nano Energy*, 109920.

[69]. Zhang, Y., Liu, J., Zhang, J., Chen, Y., Zhou, Y., & Liu, X. (2024). Um gerador híbrido triboelétrico-eletromagnético flexível baseado em gotículas para coleta de energia de gotas de chuva. *Nano Energy*, *121*, 109253.

[70]. Chen, R. S., Gao, M., Chu, D., Cheng, W., & Lu, Y. (2024). Bioelectrónica vestível com hidrogel auto-alimentado. *Nano Energy*, 109960.

[71]. Liu, G., Liu, S., Li, X., Lv, H., Qu, H., Quan, Q., ... & Qiu, J. (2024). Configuração otimizada da banda Wd em octaedro de

bronze de tungstênio e sódio poroso, permitindo a evolução do hidrogênio tipo Pt e de pH amplo. *Nano Energy*, *123*, 109442.

Printed by Books on Demand GmbH, Norderstedt / Germany